Musca domestica

Zwei Prüfungen und sieben Fälle

**Karl-Josef Müller
Susan Sonz
Robert Stewart**

Inhaltsverzeichnis

Vorwort	S. 5
Informationen zur Stubenfliege	S. 6ff
Die Kontaktprüfung der Stubenfliege	S. 9-29
Themensammlung	S. 30ff
Fall #1: Unruhe, Enuresis, Enkopresis von *Bernd Schuster*	S. 49-50
Fall #2: Unruhe, Übermut und Enkopresis von *Bernd Schuster*	S. 51-53
Fall #3: Entwicklungsrückstand etc. von *Steffi Poller*	S. 54-62
Fall #4: Konzentrationsschwäche	S. 63-73
Fall #5: Entwicklungsrückstand	S. 74-82
Fall #6: Rheumatische Beschwerden	S. 83-98
Fall #7: Chronische Gastritis, Nervosität und Ängste	S. 99-112
Ein Konzept von *Musca domestica*	S. 113-114
Repertoriumsrubriken für *Musca domestica*	S. 115-119
'Die gewöhnliche Stubenfliege' von *Susan Sonz & Robert Stewart*	S. 120ff
Repertoriumsnachträge für *Musca domestica* von *Susan Sonz & Robert Stewart*	S. 130ff
'Words of Provers - *Musca domestica*' von *Susan Sonz & Robert Stewart*	S. 135ff
Anmerkungen zur homöopathischen Kontaktprüfung	S. 146ff

Vorwort

Dieses Buch hat mehrere erfreuliche Aspekte.

Zunächst führt es eine homöopathische Arznei in die Materia medica ein, die bei der Behandlung bestimmter entwicklungsgehemmter und hyperaktiver Kinder eine wichtige Rolle einnehmen wird. Sieben detailliert beschriebene *Musca-domestica*-Fälle (auf einen Streich) demonstrieren ausführlich das große zusätzliche Heilpotential dieser Arznei.

Zweitens stelle ich in diesem Buch dar, wie einzig mit Symptomen, die in einer homöopathischen Kontaktprüfung gewonnen wurden und mit denen durch vorurteilsfreies Beobachten und Analysieren ein klares Symptomenprofil entwickelt wurde, im Anschluss eindrucksvolle Heilungen möglich waren. Ich hoffe, damit vielleicht einige ins Boot ziehen und von dem Potential solcher Prüfungen überzeugen zu können, die sich bisher als 'Kontaktprüfungs-Gegner' verstanden haben. Für die Interessierten, die sich mit dem Thema 'Kontaktprüfung' überhaupt noch nicht beschäftigt haben, habe ich am Schluss des Buches meinen diesbezüglichen Aufsatz aus 'Sieben Schmetterlinge' eingefügt.

Frans Vermeulen habe ich die Kontaktvermittlung zu den beiden New Yorker Homöopathen Susan Sonz und Robert Stewart zu verdanken, die ihrerseits ein amerikanisches Exemplar der Stubenfliege homöopathisch geprüft haben und mir a) ihre Ideen, b) die aus der Gesamtprüfung herausgearbeiteten Repertoriumsrubriken und c) die wörtliche Mitschrift der Traum- und Gemütssymptome zur Verfügung stellten. Die 'transatlantischen' Ähnlichkeiten beider Prüfungen sind wieder einmal frappierend.

Mein Dank gilt auch Steffi Poller und Bernd Schuster, die mir ihre Fälle zugeschickt haben. *Musca domestica* habe ich bereits auf mehreren meiner 'Insekten'-Seminare vorgestellt; ich bin sicher, dass es inzwischen weitere erfolgreiche Verschreibungen dieser vielfältigen Arznei gegeben hat und freue mich über jede Zuschrift, die Erfahrungen mit *Musca* schildert.

Informationen zur Stubenfliege

Die Stubenfliege, *Musca domestica* ist die bekannteste Art der Familie der Echten Fliegen (ca. 4000 Arten). Durch ihre unwahrscheinlich enge Bindung an den Menschen und dessen Wohnstätten kommt sie im Gefolge des Menschen in fast allen Klimazonen vor und tritt oft massenhaft auf.

Die Stubenfliege wird ca. 8 mm groß, der grauschwarze Körper trägt auf dem Brustabschnitt vier dunkle Längsstreifen. Die ersten Hinterleibssegmente haben an den Seiten gelblichbraune Streifen. Die im Mittelabschnitt der Flügel verlaufende Längsader (Media) biegt in ihrem Spitzendrittel bogenförmig nach vorn.

Der Rüssel wird im Ruhezustand unter dem Kopf eingeklappt und bei der Nahrungsaufnahme ausgestreckt. Am Rüsselende befinden sich zwei halbkreisförmige, von Radialkanälen durchzogene Saugpolster, die wie ein Kissen über den Nahrungspartikeln ausgebreitet werden und eine gleichmäßige Verteilung des Speichels gewähren. Die flüssige Nahrung gelangt durch Pump- und Saugwirkung in eine Art Kropf. Auch feste Partikel bis zu 40 µ können aufgenommen werden. Bei Bedarf wird Nahrung vom Reservoir Kropf in den Mitteldarm abgegeben. Da der zum Kropf führende Gang schon im vorderen Brustabschnitt von der Speiseröhre abgeht, muss die im Kropf befindliche Nahrung wie bei den Wiederkäuern in den vorderen Teil des Verdauungstraktes erbrochen werden, ehe sie den Mitteldarm erreicht. Dabei erreicht der erbrochene Kropfinhalt häufig das Rüsselende und wird in Form eines kleinen Tröpfchens auf der Unterlage abgesetzt. Dieser Vorgang fördert ungemein die Verbreitung von Krankheitserregern. Zuvor an Exkrementen, Auswurf, verfaulenden Substanzen, infektiösem Material und Abfällen aufgenommene Keime gelangen auf diese Weise leicht auf den Menschen oder an dessen Nahrungsmittel. Häufige Sitzplätze von Fliegen sind durch Rüsseltupfen und Kottröpfchen als kleine runde Punkte gezeichnet.

Auch die starke Beborstung des Fliegenkörpers begünstigt die Verschleppung von Krankheitskeimen, besonders in wärmeren Gebieten überträgt die Stubenfliege Diarrhöen, Amöbenruhr, Typhus und Paratyphus. Die Bedeutung hierfür ist in den Vereinigten Staaten so hoch, dass die Stubenfliege dort den Namen *Typhoid Fly* trägt. Außerdem sind Stubenfliegen ein wichtiger Überträger des Trachoms. Auch Fäulniserreger und Schimmelpilzsporen werden von ihr übertragen. Die Zahl und Art der auf oder in Fliegen nachgewiesenen Keime hängt weitgehend vom Lebensraum der Fliegen ab. An manchen Exemplaren konnte man mehrere Millionen Bakterien feststellen.

 Die Eier werden mit einer ausstülpbaren Legeröhre in faulendes Pflanzenmaterial, Mist, Unrat, Kehricht und (nicht menschlichen) Fäkalien gelegt. In einem Kilo Pferdemist können sich 5000 bis 8000 Stubenfliegen entwickeln, in einem Kilo Schweinemist sogar 15000. Ein Weibchen kann bis zu 8000 Eier produzieren.

Aus den Eiern schlüpfen bereits nach 8 - 24 Stunden die jungen, 2 mm langen Maden. Unter optimalen Umständen (= Feuchtigkeit + Wärme) werden Ei-, Larven- und Puppenstadium in 7 bis 11 Tagen durchlaufen; jährlich ist etwa mit acht Generationen zu rechnen. Die erwachsenen Fliegen halten sich größtenteils in der Nähe ihres Brutplatzes auf und überschreiten selten größere Entfernungen. Den Winter überstehen in der Regel nur begattete Weibchen, aber in Ställen etc. findet auch eine verlangsamte Madenentwicklung statt.

Stubenfliegen haben nur etwa 600 Geruchssensoren auf den Fühlern (Schmeißfliegen: 5000!) Sie können also nicht allzu gut riechen. Ein ausgeprägter Herdentrieb, ausgelöst durch optische Reize, bringt die Tiere meist rasch an ihre meist geruchlose, zuckerhaltige Nahrung heran. Fliegen haben die Geschmackssinneszellen an den Beinen.

Geschichtliches und Mythologie

In Ostasien gilt die Fliege als Bild der ruhelos umherirrenden Seele.

Die der Fliege eigene Zudringlichkeit bewog schon die Alten Ägypter, sie als das Zeichen für Unverschämtheit in ihre Hieroglyphenschrift aufzunehmen. Tapfere Krieger bekamen Medaillen in Form von Fliegen verliehen.

In den meisten alten Kulturen waren Fliegen negative Symboltiere, die nicht selten durch Riten beschwichtigt werden sollten. Teilweise herrschte die Vorstellung von dämonischer Macht, die sich in den unausrottbaren Fliegen verkörpere. Die Abbildung von Fliegen auf Gemmen sollte vorm bösen Blick schützen.

In der altpersischen Mythologie schlich sich das lichtfeindliche Prinzip Ahriman in Gestalt einer Fliege in die Welt. Fliegenschwärme kündigen bei Jesaja (7,18) Unheil an: 'Es wird der Herr der Fliegen an den Mündungen des Nils in Ägypten pfeifen'. Fliegen sind vorwiegend Symbole teuflischer Gestalten und Dämonenschwärme, die auch den Wüsteneremiten St. Makarios peinigten.

Im zweiten Buch der Könige (1,2ff) wird 'Ba'al-z^{c}bub' erwähnt, das heißt 'Herr der Fliegen'. Die syrische Gottheit Beelzebub, die 'Gottheit der Philisterstadt Ekron', wird mit der Beherrschung von Fliegenschwärmen in Verbindung gebracht (= in Griechenland: 'Zeus apomoios' oder 'Myiodes, Myiagyros'; gr. 'μυια' = 'Fliege'). Im Neuen Testament ist der Beelzebub ein Dämonenfürst im Dienst des Satans.

Beel-zebub, der Fliegendämon, in Collin de Plancys 'Dictionnaire infernal', 1863

Die Kontakt-Prüfung der Stubenfliege
Musca domestica

Verschiedene Prüfer erhielten im Laufe des Jahres 1998 die *C30* von *Musca domestica (Remedia, Österreich)* in einem Plastiktütchen (Snap-Pack) zugeschickt. Die Prüfer sollten das Mittel nicht einnehmen, sondern eine Kontakt-Prüfung durchführen und sich dazu das Mittel einige Nächte lang ins Kopfkissen legen und ihre Träume und körperlichen Symptome notieren. Die Prüfsubstanz war keinem der Prüfer bekannt.

* * *

Prüferin #A, ♀ 32

Traum I: Ich war in einem Obdachlosenasyl, ich stand zwischen zwei Pritschen (Metallbetten), auf denen Leute lagen. Ich war nur zu Besuch da; irgendjemand begleitete mich, ich weiß nicht wer. Ich sprach mit dem linken der beiden Obdachlosen, der auf der Pritsche lag. Dabei bemerkte ich, dass schwarze Flecke auf mich übersprangen. Ich versuchte, sie zu verscheuchen; dann bemerkte ich ein Kribbeln am linken Arm. Beim Hinsehen entdeckte ich ein ca. ⑤-DM-Stück-großes Loch. Es fehlte nur die Haut, darunter konnte man das rosige Fleisch sehen (ringsum ein weißer Rand). Dann bemerkte ich, wie sich unter der Haut etwas in Richtung Hand fraß. Sofort drückte ich mit der rechten Hand drauf, hielt es fest und erwachte in dieser Stellung. Großes Ekelgefühl; auch jetzt noch beim Erzählen habe ich Gänsehaut. Ich habe immer wieder darüber gestrichen und gerieben und nach Ungeziefer gesucht. Der Traum war grau in grau; nichts Farbiges.

Sonstige Symptome:

- Zweiter Tag: Früher als gewöhnlich aufgestanden, energiereicher; ich habe das Gefühl, ausgeschlafen zu sein (sonst nie der Fall).
- Dritter Tag: Ich habe zwar geträumt, aber keine Erinnerung daran. Ich habe wieder lange geschlafen, war aber dann fit.
- Vierter Tag: Ich habe geträumt - keine Erinnerung. Ich war früh auf und fit, habe aber auch das Gefühl, mich nicht konzentrieren zu können. Mache vermehrt Rechtschreibfehler. Ich muss selbst jetzt beim Abschreiben mehrmals nachschauen, ob es auch wirklich so geschrieben wird. Ich vergesse Wörter und auch ganze Sätze, muss manche

Abschnitte noch mehrmals lesen, auch jetzt muss ich den letzten Satz nochmals lesen, um zu wissen, wie ich weiter schreiben muss und nicht schon einen neuen zu beginnen.
- Ich glaube, ich bin etwas vergesslich, kann keinen Gedanken festhalten, habe überfliegende Gedanken.
- Ich habe fürchterliche Halsschmerzen, kann den Kopf nicht drehen, dann fühlt es sich an, als reiße mir jemand den Kopf ab. Schlucken und Sprechen fällt mir schwer. (Ich habe zur Zeit eine abklingende Grippe.)
- Mein Mann hatte morgens geschwollene Augen (evtl. vom Bäumeschneiden am Vortag).
- Fünfter Tag: Ich habe wieder geträumt, eher unangenehme Erinnerung. Ich war früh auf, hatte keine Anlaufschwierigkeiten wie sonst. Konzentration schlechter, Stimmung insgesamt besser, aber ungeduldig.
- Die Augen meines Mannes sind immer noch geschwollen, rot und brennen.
- Insgesamt unruhiger, ich kann nicht lange auf einer Stelle sitzen; innerlich unruhig, muss mich bewegen, was tun - weiß nicht was.
- Sechster Tag: Albtraum, siehe oben. Danach habe ich sofort das Mittel aus dem Zimmer entfernt, es war einfach eklig.
- Während der gesamten Prüfungszeit getriebenes Gefühl, innere Unruhe. Ich musste mich bewegen - ungewöhnlich.

Prüferin #B, ♀ 30

Keine Träume, aber auffälligerweise morgens beim Erwachen, mehrere Tage hintereinander, immer Gedanken an die Arbeit, Arbeitskollegen, Ereignisse von der Arbeit oder an etwas, das erledigt werden muss. Das kenne ich sonst nicht.

Prüferin #C, ♀ 68

Traum I: Unser Haus hatte sehr (20 cm) tiefe Löcher und war sehr dreckig außen - wie nach dem Krieg. Ich redete die ganze Zeit an meinem Mann, damit er die Löcher wieder zuputzt und das Haus neu anstreicht. Das Schmutzige waren grüne Flecken, eher wie Schimmelflecken. (Es erinnert mich an eine Rakete, die im Krieg auf das Grundstück des Nachbarn fiel - da hatten wir das ganze Haus voller Löcher.) Ein kleines Männchen (1,20 m) lief dabei herum - kurz und dick. Nicht übermäßig dick, nur gut gesetzt und ein dicker Kopf, rundes rotbackiges Gesicht. Er hatte die dunklen, kurzen Haare glatt gekämmt und einen Mittelscheitel. Er lief die ganze Zeit herum und redete nichts. Seltsam. (Er glich im Gesicht einem Schulkameraden von mir, der schon über 50 Jahre tot ist - im Krieg gestorben - so, wie er damals in der Schule aussah.)

Traum II: Ich war auf einer Beerdigung - auf dem Leichenschmaus. Für uns war im großen Saal kein Platz mehr. Wir mussten auf einer Treppe hinter einer Bretterverkleidung auf einem Podest sitzen. Dort brachte man uns Bier hin. Das Seltsame war, dass sie uns ein Bierglas brachten, das die Form eines Sektglases hatte. Es war sehr hoch und hatte einen etwa 50 Zentimeter langen Stiel. Mit einem Krug mussten wir uns immer wieder das Bier in das hohe, schmale Glas füllen.

Traum III: Ich jätete im Garten Unkraut und hob mit dem Spaten große viereckige, etwa einen Meter tiefe Blöcke aus. Etwa 50 Zentimeter Durchmesser - sie waren auch schief und krumm, nicht exakt. Andere habe ich gelockert - wie wenn ich den Garten umgrabe. Bis ganz nach unten war alles verwurzelt, voller weißer dicker und dünner Wurzeln und Knollen. Die Pflanze hieß PAKINADE. (Das Wort habe ich mir nachts extra auf einen Zettel aufgeschrieben, damit ich es nicht vergesse.)

Traum IV: Irgendetwas von Fußballtrainern.

Traum V: Für eine Nachbarin hatte ich einen Bezug genäht für ihren neuen Stuhl. (Sie hat einen Bandscheibenvorfall und hat mir letztens erzählt, dass sie einen neuen Fernsehsessel bekommt.) Der Bezug gefiel mir nicht und passte auch nicht richtig, auch der Stuhlsessel gefiel mir überhaupt nicht, ein dunkler Kippstuhl. Ich war unzufrieden mit allem.

Sonstiges:

Ich hatte morgens alle Notizen übereinander gekritzelt. Die Schrift ging ineinander oder berührte sich. Ich musste sie morgens entziffern und ins Reine auf neue Zettel schreiben.

Prüferin #D, ♀ 18

Traum I: Ich träumte von meiner Großfamilie - also von meiner Familie im weitesten Kreis. Leute, die ich alle zehn Jahre mal sehe, es war wie eine Familienfeier. Alle waren zusammen in einem ganz kleinen Raum. Wahrscheinlich ein Raum im Haus meiner Uroma, ein ganz winziger Raum; vielleicht 25 bis 30 Leute. Ein dunkler, schlecht beleuchteter, miefiger Raum, der nie gelüftet wird. Es herrschte eine große Aufregung -

ich wusste nicht warum. Es herrschte ein Chaos - alle bewegten sich im Raum herum. Eine Großtante von mir hatte ein ganz schwaches Nervengerüst und brach fast zusammen. Sie regte sich über irgendetwas total auf und meinte, es wäre etwas ganz Schlimmes passiert. Sie war total neben der Spur. (In Wirklichkeit sind es eigentlich zwei Räume, zwischen beiden befindet sich ein dicker Vorhang, es ist alles braun und alt, alles zusammengewürfelt, gehäkelte Kissen und viele alte Bücher mit Goldschnitt, ein alter Globus, ein uraltes Klavier, das total verstimmt ist - in dem Raum wurde seit 50 Jahren nichts verändert.)

Traum II: Ich wollte mit dem Bus fahren und hatte meine Karte für kinderreiche Familien verloren, mit der man alle Fahrkarten bei Bus und Bahn zum halben Fahrpreis bekommt. Ich schwirrte im Haus rum und suchte überall meine Karte und verpasste anschließend den Bus, weil ich sie nicht fand. Ich machte alle Leute verrückt auf der Suche nach der Karte, ich suchte an verschiedenen Orten, wo normalerweise solche Sachen liegen, die man verloren hat, in Schubladen und so. Ich stand unter Zeitdruck, weil mein Bus abfuhr. (In Wirklichkeit passiert mir das auch, dass ich meine Karte verliere.)

Prüfer #E, ♂ 19

Traum I (Ich habe total durcheinander geträumt, aber ich weiß eigentlich nichts mehr. Ich weiß nur noch einen Traum): Ich renne um einen Betonblock, es ist ein Stromhäuschen. Irgendjemand verfolgt mich und will mir ans Leben. Ich renne die ganze Zeit richtig mit vollem Karacho im Uhrzeigersinn um das Häuschen, links ist es komplett dunkel, rechts sehe ich das Stromhäuschen und ich weiß genau: Hinter mir ist jemand. Ich drehe mich aber nicht um.

* * *

[Bei den Prüfern #F bis #J handelt es sich um Mitglieder aus drei Familien, die sich zu einem Wanderwochenende eine Blockhütte gemietet hatten und zu dieser Gelegenheit die Kügelchen mitgenommen und in die Kopfkissen gelegt hatten:]

Prüferin #F, ♀ 17

Traum I: Mein Freund wurde zum Verbrecher; mit Perlenketten musste ich mein Geld verdienen. Die Polizei war hinter mir her, ich wusste nicht warum und bin dauernd weggelaufen. Alles war ziemlich dunkel und düster; es gab keinen, der irgendwie fröhlich war. Alles war negativ. Es gab keine Häuser mehr, nur Ruinen. Überall saßen Leute, die nicht wussten, was sie machen sollten. Keiner wusste, warum; es war halt alles so, wie es war.

Sonstiges:

Die Mutter: 'Meine Tochter war von dem Traum so verängstigt und geschockt, dass sie zu uns ins elterliche Bett kam. Das hat sie schon über Jahre nicht mehr getan. Der Traum war für sie sehr negativ. Sie tauschte dann das Kissen mit mir ... .'

Prüferin #G, ♀ 46, Mutter von Prüferin #F

Ich habe dann total schlecht geschlafen und völlig durcheinander geträumt, aber ich kann mich nicht mehr erinnern, was.

Prüferin #H, ♀ 43

1. Nacht, Traum I: Alles war durcheinander, total bunt. Ein rotbunter Faden zog sich durch den ganzen Traum. Ich habe etwas Rot-Buntes, Steiniges gesucht (weiß selbst nicht, was das bedeutet).

2. Nacht: Albtraum. In dem Traum bekam ich ein Baby und meine Mutter (die schon 50 Jahre tot ist) ist zudem in dem Traum gestorben. In dem Traum klingelte auch noch ein Telefon. Ich war froh, als ich wach wurde. Ich konnte aber gar nicht abschalten beim Wachwerden und dachte: 'Menschenskinder, jetzt musst du einen Kinderwagen *und* einen Fernseher kaufen (unser Fernseher ist in Realität kaputt gegangen).'

Prüferin #I, ♀ 41

Traum I: Ich habe beide Nächte sehr lebhaft, aber nicht unangenehm geträumt. In einem Traum klingelte ein Telefon oder ein Wecker.

Prüferin #J, ♀ 43

Traum I (zwei Nächte lang habe ich total durcheinander geträumt und kann mich an nichts erinnern): In der letzten Nacht habe ich von einer Schlange geträumt. Sie 'lief' aber nicht wie eine Schlange (schlängelnd), sondern rückte ganz gerade vor. Sie war selbst auch ganz gerade und bewegte sich über eine Straße ganz gerade nach vorn. Sie war drei, vier Meter lang und ein paar Zentimeter dick, und war einfarbig braun - wie das Schlangenleder, das man von Taschen kennt.

Traum II: Ich musste auf Dienstreise. Es waren nur Gesichter von Kollegen um mich herum. Es hieß, es ginge nach Koblenz. In dem Haus, in dem wir waren, hatten wir Zimmer im ersten Stock. Es war aber ein Haus wie in Venedig: Der erste Stock war unheimlich hoch. Wenn man aus dem Fenster schaute, sah man: Das Haus stand im Wasser, im Kanal. Außen floss ein Fluss vorbei. Mir war das Haus sehr unsympathisch. Ein altes, unheimliches Gemäuer. Die Zimmer so alt - es gefiel uns überhaupt nicht. Abends gingen wir weg in die Stadt. Es fing an, ganz stark zu regnen, ein richtiges Unwetter. Wir retteten uns mit 10, 15 Leuten in eine winzige Baubude. Obwohl nur drei, vier Personen liegen konnten, entschlossen wir uns trotzdem, die Nacht in der Baubude zu verbringen und nicht ins Hotel zurück zu gehen. Drei, vier konnten liegen; es waren auch Wolldecken vorhanden, aber alle anderen mussten stehen. Der Regen prasselte laut auf die Baubude.

Sonstige Symptome:

In der folgenden Nacht habe ich durcheinander geträumt und war zehnmal wach, nervös, aufgedreht, mein Herz schlug laut.

Ich bin auch erkältet. Seitdem ich das Mittel unter dem Kopfkissen hatte, tut mir mein Hexenschuss weh, mein Ischias. Ich legte mir eine Wärmflasche ins Bett. (Hatte ich zum letzten Mal vor zwei Jahren). Es sind stechende Schmerzen im Kreuz (LWS), und, wenn ich gebückt bin, denke ich, ich kann mich nicht mehr gerade machen. Wärme lindert, es wird ganz schlimm, wenn ich husten oder niesen muss: Dann zieht's.

Prüfer #K, ♂ 37

Äußere Ereignisse:

An dem Tag, an dem die Kügelchen ankamen, ging unser Hauswasserwerk kaputt. In einer Dichtung war ein Leck und das Wasser aus der Zisterne wurde weiter in den Keller gepumpt. Am Folgetag kaufte ich ein neues Wasserwerk und baute es ein. Da fuhr das Auto noch wunderbar. Am Abend kam meine Frau zurück - das Auto war defekt. Das war der nächste Schock. Ich schlief sehr schlecht und unruhig - eine Katastrophennacht - und mir ging nur das Auto im Kopf herum und auch das Wasserwerk, das gerade eine Menge Geld gekostet hatte. Meine Frau schlief genauso unruhig. Am nächsten Tag wurde es repariert. Ein Zündkabel war defekt: Der Funke sprang falsch über, nicht ins Kabel, sondern außen aufs Gehäuse. Dadurch bekam die Zündkerze keinen Saft und das Auto lief nur auf drei Töpfen. Gott sei Dank wurde die Reparatur nicht so teuer (150 Mark). Gestern kochten wir - plötzlich funktionierte das Ceranfeld überhaupt nicht mehr. Am Sicherungskasten waren alle Sicherungen drin. Ich schaltete aus - und das Ceranfeld funktionierte wieder.

Dritte Nacht: Ich habe 1000 Sachen geträumt - unheimlich viel - und total unruhig geschlafen. Aber ich habe keinerlei Erinnerungen.

Prüferin #L, ♀ 37

Ich schlief die ganze Nacht nicht gut, war unruhig und oft wach.

Traum I: Ich fuhr mit dem Auto nach Saarbrücken und wollte auf dem Parkplatz am Theater parken. Ich fuhr drauf und stellte fest, dass er besetzt war. Ich wendete das Auto und wollte wieder hinausfahren, aber die Schranke war geschlossen. In 200 m Entfernung war ein Kassenhäuschen - eine Frau saß darin. Ich stieg aus dem Auto und ließ die Schlüssel stecken, den Motor laufen und die Tür offen. Ich rannte zu der Frau und fragte sie, ob sie die Schranke öffnen könne. Sie tat es. Dann ging ich langsam zum Auto zurück. Für einen Moment schaute ich unter mich. Als ich wieder hochsah, war das Auto verschwunden! Ich war völlig verzweifelt. Das Seltsame war, dass ich nicht mehr wusste, mit welchem Auto ich gekommen war. Ich hatte mir das Auto meiner Tante ausgeliehen, dachte aber, ich wäre mit einem beigefarbenen Kadett gekommen (meine Tante hat einen dunkelblauen Citroên). Ich war verzweifelt, weil ich nun nicht zur Polizei konnte, weil ich nicht wusste, was für ein Auto mir gestohlen worden war. Dann lief ich in der Stadt umher und suchte und fragte einen Mann nach einem beigen Opel. Er sagte, vorhin sei ein Mann mit so einem Auto wie verrückt mit quietschenden Reifen weggefahren.

Traum II: Mit einem Eimer in der Hand wollte ich in den Garten gehen. Ich ging aber die Einfahrt unseres Nachbarn hinunter. Sie war mit Verbundsteinen gepflastert. Unser Garten sah aus wie früher der Garten der Schwiegereltern, bevor wir unser Haus hineingebaut haben. Plötzlich war ich in unserem Garten. Da stand ein Holzschrank. Als ich ihn öffnete, standen oben zwei Kerzen. Eine rechts oben, eine in der Mitte oben - auf zwei dünnen Holzlättchen. Ganz normale weiße Kerzen. Sie standen aber so weit oben, dass die Flammen mit der Spitze den Schrankdeckel berührten. Im Umkreis war es schon schwarz. Ich war entsetzt und konnte nicht verstehen, wie meine Schwiegermutter so etwas tun konnte.

Traum III: Meine älteste Tochter ging im Dunkeln im Schlafanzug in den Keller. Sie hatte längere Haare als in Wirklichkeit. Als ich aus dem Fenster schaute, sah ich sie in Richtung Gartenweiher laufen. Er war zugefroren. Ich hatte Angst, sie geht auf das Eis und rannte die Kellertreppe hinunter hinter ihr her. Plötzlich sah ich ein Mädchen über den gefrorenen Weiher gehen - einmal hin und einmal zurück. Ich hatte furchtbar Angst, es würde einbrechen und lief hin. Das Mädchen war dann verschwunden. Ich legte mich an den Weiher und probierte mit den Händen: Die Eisschicht war nur ganz dünn und brach ein. Ich fühlte mich ganz schrecklich und schrie fürchterlich.

Traum IV: Ich sah ein Männchen und sagte: 'Da ist es ja wieder.' Das Männchen war sehr klein, vielleicht 10 cm groß, sandfarben und sah lustig aus und sprang hin und her. Als ich es mir näher ansehen wollte, löste es sich auf und war nur noch Sand.

Prüferin #M, ♀ 30

Traum I: Ich bin in der Schule. Es ist Zeit, dass der Unterricht beginnt, aber es ist noch keiner da. Es steht Wäsche in einem Wäschekorb da. Auf dem Boden des Wäschekorbs, zwischen der Wäsche, steht Wasser. Ich hole Tempotaschentücher, um es aufzusaugen und brauche drei Päckchen. Dann gehe ich mit meinem Mann aus der Schule raus, um eine Bekannte zu suchen. Sie hat etwas mitgenommen, das sie mir schon längst hätte zurückgeben müssen. Sie geht mit zwei Freundinnen einen Berg hoch. Sie wirkt verlegen, ich bin sehr bestimmend. Sie gibt uns dann das, was wir suchen. Es ist eine große Frucht mit riesigen Kernen drin. Das sehe ich, weil schon ein Stück aus der Frucht herausgebrochen ist. Ich habe eher das Gefühl, dass es eine Knolle einer Pflanze ist, allerdings so groß wie eine Ananas. Dann bin ich wieder im Klassenzimmer. Es ist jetzt voll, auch der Lehrer ist schon da. Er ist stocksteif, hat einen weißen Anzug mit einem roten Streifen an allen Nähten und eine Krawatte an. Ich setze mich links vorne in eine Schulbank. Er fragt, ob sich noch jemand frisch machen würde. Rechts vorne sind offene Kabinen. Eine Frau im Raddress ist drin. Dann ist sie fertig und kommt heraus. Der Lehrer meint, der Raddress würde gut aussehen. Es steht schon eine andere Frau da. (Ich kenne sie von früher, sie war dafür bekannt, sich an Männer ranzumachen.) Sie will auch in eine Kabine. Sie hat ein lila Hemd und eine lila Hose an und streckt einen Arm nach oben, damit man ihre Brust sehen kann. Ich denke: 'Sie will nur, dass der Lehrer sie so sieht.' Ein Kollege sitzt neben mir in einer anderen Bank. Ich frage ihn, warum er nicht mit mir spricht. Er antwortet: 'Ich weiß nicht, was.' Er geht nach hinten, sich einen Stuhl holen, um sich neben mich zu setzen.

Traum II: Ich bin in einem großen Haus, das ich von früher kenne. Mein Sohn geht dort scheinbar in den Kindergarten. Ich bin in der ersten Etage und will die Treppen runtergehen. Die Stufen bestehen aber nur aus langen metallischen Stangen, dazwischen ist Leerraum. Ich habe Angst herunterzufallen (bekanntes Traumsymbol). Ich denke: 'Wie kann ich mir nur so ein Haus zum Wohnen aussuchen, das solche Treppen hat?' Die Stangen gehen in Wendeltreppenform nach unten. Dann bin ich unten. Es gibt Nikolausgeschenke. Jeder hat eine Nummer. Jetzt ist die Fünf dran. Keiner meldet sich. Ich weiß, dass es meine Nummer ist, sage aber nichts. Danach treffe ich eine Kollegin von früher. Sie weint und erzählt, dass sie von ihrem Mann getrennt lebt. Ich meine, dass dies doch gut wäre. Sie schaut mich vorwurfsvoll an. Ich hatte das Gefühl, dass ich jetzt etwas Falsches gesagt hatte.

Traum III: Ich gehe in eine Bäckerei und kaufe vier Kaffeestückchen. Ich soll 69 DM und ein paar Pfennige bezahlen. Ich sage, dass das nicht sein kann. Die Verkäuferin besteht darauf und ich bezahle. Sie gibt mir die Sachen und ich sehe auf dem Kassenzettel, dass da 29 DM und ein paar Pfennige steht. Ich sage ihr, sie habe sich verlesen, und 29 DM seien immer noch zu viel. Sie und die anderen Verkäuferinnen sind schon genervt, sie gibt mir Scheine zurück. Ich kenne diese Währung nicht und denke: 'Das sind Euro!' Ich ärgere mich, weiß nicht, was ich damit machen soll. Ich gehe raus. Eine Frau auf dem Parkplatz sagt zu mir, ich wäre ja gestern auf einer Fortbildung gewesen und hätte dort gelernt, so fordernd und aggressiv zu sein. Ich wehre mich. Dann fahre ich nach Saarbrücken. Rechts von mir gibt es viele Einbahnstraßen. Ich komme an ein Haus, in dem ich künftig wohnen werde. Es ist dreistöckig, sehr hoch. Oben an dem geschwungenen Giebel liegen Stromkabel. Es ist sehr hoch. Ich reiße sie irgendwie ab, habe aber schon ein schlechtes Gewissen. Ich gehe mit den Kindern auf einen nahegelegenen Spielplatz. Dort ist mein Mann und ich erzähle es ihm. Er ist sehr verärgert, sagt aber, dass er es reparieren kann. Ich denke: 'Wie will er das in der Höhe machen, hat er so eine lange Leiter?' Er sagt, dass dort noch andere Leute wohnen werden. Ich sage, dass ich noch nie mit fremden Leuten zusammen gewohnt hätte. Wir gehen mit den Kindern los.

(Auffällig für mich war, dass ich so fordernd in den Träumen war. Solche Träume hatte ich noch nie und tagsüber trete ich auch nicht so auf.)

Prüferin #N, ♀ 2-jährige Tochter von Prüferin #M

Körperliche Symptome:

☾^{30} Uhr. Meine Tochter liegt bei mir im Bett. Sie wacht auf und hustet sehr stark. Abends war sie noch nicht krank. Es klingt sehr verschleimt, bei jedem Atemzug rasselt es. Der Husten klingt metallisch, ganz hohl. Sie kann nicht mehr einschlafen, bleibt eine halbe Stunde wach. Morgens ist der Husten immer noch da, aber nicht mehr so schlimm. Er hat einen eigentümlichen Klang. Mittags ist er verschwunden. (Ich bringe das Mittel aus dem Zimmer raus. Ich bleibe noch lange wach und habe Schuldgefühle, dass ich ein Mittel prüfe, wenn die Kinder dabei sind.)

Einige Wochen später hatte das Kind einen ähnlichen, hohlen, metallischen Husten. Die Mutter [Homöopathin] gab *Musca domestica C30* und der Husten verschwand sofort. Ihre Tochter wurde insgesamt ruhiger und umgänglicher und schlief seitdem besser.

Prüferin #O, ♀ 37

Traum I (erste Nacht): Zweimal sehe ich kurz vor dem Aufwachen folgendes Bild: Ich schieße wie ein Pfeil aus dem Wasser (Meer?), den Kopf nach hinten geworfen, um so schnell wie möglich wieder atmen zu können. Ich ringe beim Aufwachen nach Luft.

Traum II: Eine Birne. Sie ist vom Stiel her halb aufgegessen. Sie ist matschig, hat aber kein Birnengehäuse, sondern Feigenkerne in der Mitte.

Traum III: Ich sitze im Auto, das Fenster auf der Fahrerseite ist halb offen. Ich steige aus, gehe eine Betontreppe hoch. Ich habe einen schwarzen Anzug an. Ich klingle. Alles ist still.

Traum IV (zweite Nacht): Ich sitze im Auto. Die Autoscheiben sind angelaufen, das Fenster halb offen. Ich will aussteigen. In dem Moment geht im Traum der Ton an wie auf Knopfdruck. Der Beifahrer sagt mir, dass das Fenster noch offen ist. Darauf erwidere ich: 'Wenn das Auto eine bessere Heizung hätte, bräuchte ich die ganzen Extras nicht.'

Traum V: Öl ist mit Sand gemischt. Dazu wird Wasser geschüttet. Es entsteht ein Klumpen. Dieses Bild hat die Bedeutung Essen.

Traum VI: Ich gehe mit jemandem, der wie ich einen schwarzen Anzug und einen schwarzen Hut trägt, am Strand entlang. Wir nähern uns der Wohnung meiner Tochter. Ich sage: 'Gut, dass sie noch auf der Party ist.' Als wir in der Wohnung sind, ist es schon zu spät, und wir müssen zurück, um uns zu verabschieden. Aber wir müssen unbedingt etwas finden, das sich in dieser Wohnung befindet und es abliefern, da wir sonst in große Schwierigkeiten geraten. Wir verlassen die Wohnung wieder.

Traum VII: Ich gehe mit einem anderen Mann, der wie ich einen schwarzen Anzug trägt, in ein großes, hell erleuchtetes Haus. Ich sehe zwei Feuerwehrleute und meine älteste Tochter wieder. Ich umarme meine Tochter. Plötzlich schaut sie ganz entsetzt, ruft 'Vater!', weil sie mich warnen will. Denn hinter mir ist der Mann, mit dem ich gekommen bin, und kommt mit schnellen Schritten und einem Messer in der Hand auf uns zu. In dem Moment, in dem ich mich umdrehe und mich dabei auch etwas seitlich von meiner Tochter weg drehe, sticht der Mann zu und ersticht meine Tochter. Das Messer steckt oberhalb der linken Clavicula.

Traum VIII: Es ist Sommer. Ein Junge am Strand wirft Treibgut und Unrat ins Meer zurück. Ich stehe hinter einem alten Bretterverschlag und beobachte ihn durch eine Ritze hindurch.

(Ich bin sehr gespannt, was mir da solch lange Nächte beschert hat und mich u.a. zu einem Mann gemacht hat, der mindestens eine erwachsene Tochter mit eigener Wohnung hat und der anscheinend Dreck am Stecken hat.)

Sonstige Symptome:

In der ersten Nacht: Ich stehe im Freien und betrachte den Himmel. Vor allem der große und der kleine Wagen faszinieren mich.

Ich werde insgesamt viermal mit Herzrasen und Schwindelgefühl wach, das letzte Mal um ☽^{20} Uhr.

Insgesamt 12 Stunden geschlafen (mit den erwähnten Unterbrechungen).

2. Nacht: wieder 12 Stunden geschlafen, doch ohne aufzuwachen.

Ich habe beim Aufwachen heftige Schulterschmerzen, links (Schultergelenk und Scapula), die abends abschwächen und schließlich verschwinden.

3. Nacht: Absoluter Rekord: 14 Stunden ohne Unterbrechung geschlafen. Leider habe ich keine Erinnerung an einen Traum. Dafür aber Schmerzen im ventralen Brustkorb, links mehr als rechts, die mich beim Atmen behindern und gegen Abend schwächer werden.

4. Nacht: Ich wollte mein enormes Schlafbedürfnis etwas einschränken und habe mir für morgens den Wecker gestellt, den ich aber dann nach dem Klingeln zweimal wieder neu eingestellt habe, um noch etwas schlafen zu können. Fazit: 11 Stunden Schlaf. Außerdem beim Aufwachen wieder die gleichen Schmerzen im Brustkorb wie am Vortag, die jetzt jedoch schneller abschwächen und abends verschwinden.

Prüfer #P, ♂ 45

Traum I: Ich sehe den Irak geteilt (wie Pakistan) aus einer simulierten Flugzeugperspektive und wundere mich, dass sie aus dem kleineren (östlichen) Teil mit bizarren, riesigen gezackten Eisengeschossen schießen.

Traum II: Mein Onkel will meiner Nichte Reitunterricht geben. Sie wollen dazu das Pferd 'Ehrenfried' aus dem Stall holen, das aber komischerweise schon sehr stark geschwitzt ist. Ich erinnere mich, dass 'Ehrenfried' vor ein paar Tagen eine schwere (Gelände-)Prüfung hinter sich gebracht hat und wundere mich, was er dadurch für eine schöne Muskulatur gekriegt hat: Er sieht dadurch eher wie ein Vollblüter aus als wie ein Hannoveraner. [Das Pferd 'Ehrenfried' existiert wirklich.]

Traum III: Ich sehe eine tropisch bewachsene Insel mit einem großen, schlossähnlichen Haus. Meine Großeltern sollen als Nationaldemokraten in der NS-Zeit mit der ganzen Familie hier gelebt haben. Ich habe einen großen vergoldeten Schlüssel, den ich schon lange bei mir trage, und den ich immer wieder gefunden habe, nachdem ich ihn verloren hatte. Einmal war er mir sogar aus dem Zug gefallen und ich hatte ihn auf dem Trittbrett wieder gefunden. Meine Mutter war dankbar, dass ich diesen Schlüssel für die Eingangstür hatte; sie hatte einen kleineren für tiefer liegende Gemächer, in denen sie hoffte, wertvolle Dinge vom Familienbesitz finden zu können. Leider gab es nur Spinnweben und verrottete Pappe, die von Decke und Wänden hingen - es gab lange Gesichter.

In einem Teil des Gebäudes wurde eine Messe verlesen; ich kniete mit meinen Brüdern hinter meinen Eltern. Wir machten nur Quatsch und kicherten herum. Dann tauchte hinter uns eine 'Ordensschwester' auf, die bedrohlich mit verschiedenen Rohrstöckchen klapperte, die sie dann in eine Ecke stellte. Mein Vater stand auf und nahm die Rohrstöcke und zerschmetterte sie auf dem Boden, dass sie in tausend Stücke zersplitterten. Ich wohnte in einer anderen Ecke der Insel und bereitete etwas vor, was ich den Leuten stückchenweise verkaufen wollte: Ich legte mehrere Bisquit-Kuchenböden übereinander und durchtränkte sie mit einer roten, halb flüssigen Masse, die aussah wie zermatschte Erdbeeren, aber es musste eine andere Frucht sein.

Traum IV: Miroslav Kadlec war als Libero zum FC Kaiserslautern zurückgekehrt. Dafür musste ich (aus dem Team) weichen, konnte es aber akzeptieren. Die Mannschaft spielte in einem riesigen, aber leeren Stadion bei spärlicher Beleuchtung. Sie hat den VFB Stuttgart aber locker mit 6:1 weggeputzt.

Traum V: Meine Ex-Schwägerin feierte ihren Geburtstag auf einer Kuhkoppel, an einem sanften Hügel, mit Stacheldraht eingezäunt. Alle ihre Freunde waren als Super-Punker verkleidet und tanzten ihr auf der Wiese ein Ballett vor, was natürlich gar nicht passte und sehr ulkig wirkte. Ich war als Zuschauer erstaunt und amüsiert.

Traum VI: Ich konnte aus einer Kriegsgefangenschaft fliehen und wollte Hilfe holen und kam in ein Gebiet, wo das Leben ganz normal verlief und man offenbar gar nicht wusste, dass in unmittelbarer Nähe Krieg herrschte. Ich war zuerst ungläubig erstaunt. Dann fing es mir an zu gefallen und ich konnte das normale Leben genießen und ging auf eine Geburtstagsfeier.

Körperliche Symptome:

– Nach dem Erwachen tat mir das linke Kiefergelenk weh und war zunächst sehr steif.
– Ich hatte die ganze Zeit vermehrt Pickel, unter anderem am Hinterkopf.
– Fühle mich angenehm aufgekratzt.
– Ich habe in meiner Praxis total aufgeräumt, Ramba-Zamba gemacht. Den Gedanken trug ich schon länger mit mir und habe jetzt endlich mit dem Aufräumen angefangen. [Heilwirkung?]

Prüferin #Q, ♀ 51

Traum I: Ich treffe mit dem Motorrad hinten auf ein anderes Motorrad. Es ist eine schwarz lackierte, schmale, klassisch-alte, englische Maschine (Royal Enfield oder so). Darauf ist ein Paar in schwarzem Leder mit klassisch alten Motorradhelmen, neben noch mit Leder-Ohrriemen. Ich finde das alte Motorrad ganz toll und überhole und halte sie an. Ich bemerke, dass ich auch meine 21 Jahre alte 750iger Honda fahre. Ich zeige ihnen meine Maschine, die allerdings da steht wie ein Fahrrad, ganz schmale Schutzbleche und einen breiten Vierzylindermotor hat sie auch nicht.

Traum II: Ich bin auf einer Burg, so eine Art runder, alter Turm. Ich rutsche auf einer Art Wasserrinne ins Tal. Dort ist ein Museum. Ich gehe hinein und stelle fest, dass es dort gar nichts zu sehen gibt, alles ist vergammelt und leer. Ein junger Mann kommt herein und will es auch besichtigen. Es ist nichts da zu sehen. Er fährt einen Kleinlaster und ich frage ihn, ob er mich ein Stück mitnehmen kann, da ich wieder zurück will auf die Burg. Er sagt, dass er in seinem Arbeitsvertrag eine Klausel hat, dass er niemand mitnehmen darf, also auch nicht mich. Ich bin verärgert, muss zu Fuß gehen.

Körperliche Symptome:

Verstopfung des rechten Nasenloches mit Schleim um ☉ Uhr nachts beginnend und den Schlaf störend.

Prüferin #R, ♀ 44

Erste Nacht: Als ich ins Bett ging, hatte ich bereits nach fünf Minuten das Gefühl, das Bett sei wie ein Pendel aufgehängt und bewege sich ganz sanft und angenehm (⇔,⇕,⤸). Dann ein sanftes langsames Pulsieren im Körper. Ich spürte meine äußere Haut als Struktur, mein Inneres und das Gehirn pulsierend, beweglich - so, als würde mich etwas sanft schaukeln. Absolute Entspannung, angenehm, vergleichbar mit einer Trance.

Traum I: Ich bin in einem größeren Gebäude - gehe in den Keller zur Toilette. Die Toilette ist voll Wasser - sie läuft über ⇨ massiv, immer mehr. Ich gehe nach oben und suche den Hausmeister. Dann gehe ich wieder nach unten: Das Wasser steht jetzt zirka einen Meter hoch in der gesamten unteren Etage.

Traum II: Ich stehe morgens aus dem Bett auf. Meine Beine und Füße spannen total - ich blicke nach unten und bin entsetzt und in Panik! Die Unterschenkel und Füße sind angeschwollen wie ein Luftballon. Dann ein plötzliches Nässegefühl - die Haut ist geplatzt und das Wasser fließt aus.

Traum III: Ich entlarve zwei Geschäftsmänner als Betrüger. Für mich ist die Situation sehr unschön. Ich bin enttäuscht von diesen Menschen. Sie rennen vor mir davon und schämen sich. Einer verliert einen Aktenkoffer. Er ist voller Bomben, Handgranaten und Sprengsätze.

Traum IV: Eine fremde Frau nötigt mich, ihr einen selbstgefertigten Kunstgegenstand abzukaufen. Die Arbeit ist sehr gut - der Preis, den sie verlangt, viel zu tief. Ich bin im Konflikt. Ich möchte die Frau nicht frustrieren (die Arbeit ist brillant - sie müsste eigentlich aufgebaut und gefördert werden). Da ich aber selbst solche Sachen mache und *nichts* brauche, lehne ich ab. Ich bin froh, dass ich diese Frau losgeworden bin.

Zweite Nacht: Gefühl körperlich und seelisch wie in der ersten Nacht beim Zubettgehen. (Ich wundere mich über die Ruhe und Harmonie, weil ich im Moment eine stressige, turbulente Zeit habe und normalerweise Mühe habe, so schnell abzuschalten.) Es geht mir sehr gut - absolute Stille - Trance [Heileffekt?]. Druck im Oberkopf und Ohrgeräusche.

Träume: Keine konkrete Erinnerung, nur: friedlich, harmonisch, angenehm.

Dritte Nacht: Gefühle beim Zubettgehen wie am ersten und zweiten Tag.

Traum V: Ich bin in einem großen Haus - viele Etagen - viele Räume - unwirkliche Szenen. Die Menschen dort (sehr viele!) spielen idiotische Spiele mit Einsatz ihrer ganzen Energie. Sie nehmen diese Spiele sehr ernst. Ich bin fassungslos! (Es ist mir so, als seien diese *platten* Spiele der ganze Lebensinhalt dieser Menschen.) Jedes Zimmer ist anders gestaltet. Ich fühle mich dort sehr unwohl und frage mich, wie ich dahin gekommen bin und was ich dort soll. Ich werde von allen Ecken und Seiten aus aufgefordert mitzuspielen. Ich mache nicht mit. Ich fühle mich bedrängt. Es gibt auch eine Etage mit vielen Räumen, wo es etwas zu essen gibt. Jemand läuft mir nach und bedrängt mich, mit ihm zu essen. Ich habe zwar Hunger, möchte mich aber nicht mit ihm an einen Tisch setzen - außerdem ist mir diese Person sehr unsympathisch - er verfolgt mich - ich habe Mühe, mich zu verdrücken, schaffe es aber. Vor dem Gebäude: vier wunderschöne große Katzen. Ich kann nicht sagen, welche schöner ist. Jede ist auf ihre ganz persönliche Weise besonders, einzigartig, wild und anziehend. Ich bin fasziniert von den Katzen und gerne in deren Nähe - eine springt mich an und spielt mit mir. Es macht mir Freude und ich bleibe bei diesen Katzen.

Traum VI: Ich putze ein übergroßes, weißes Waschbecken in einem fremden Haus und mach dort auch andere Dinge sauber.

Traum VII: Ich habe ein Spielzeuggeschäft. Der Laden ist abgeschlossen. (Ich bin nicht dort! Ich sehe die Handlung aber so, wie wenn ich anwesend wäre.) Mein Cousin klingelt - keiner öffnet - er braucht dringend ein Geschenk - er bricht einfach ein! Er denkt: 'Ich darf das, sie ist mir nicht böse und wird es verstehen - es ist total in Ordnung.' Das ist es eben nicht. Ich bin entsetzt, dass man mich so missachtet und meine Grenzen überrennt. Ich bin außer mir vor Wut und Enttäuschung.

Traum VIII: Frieden, Urlaub, Wiesen, Wälder, Wege, ein Teich, ein Bach. Ich bin mit dem Rad unterwegs - allein. Es wäre schön, wenn ich in Begleitung wäre. Ich genieße den Frieden, bin in Harmonie, rieche die Luft und die Klarheit und die schöne Landschaft. Ich überlege in Ruhe, welchen Weg ich nehmen soll.

Körperliche Symptome:

– Vom ersten bis dritten Tag Symptome stärker werdend: Wärmegefühl des ganzen Körpers, Kreislaufprobleme, Kopf wie benommen und Druckgefühl in den Schläfen - Höhe oberer Jochbogen - so, als wäre der Kopf mit einer Zange gehalten. Es fällt mir etwas schwer, zu denken und mich zu konzentrieren. Ich fühle mich aber ruhig und geborgen. Übelkeit, am dritten Tag stärker.

Prüfer #S, ♂ 56

Erste Nacht: Ruhige, friedliche Stimmung, keine Traumerinnerung.

Traum I, zweite Nacht: Blick auf ein Gelände, dahinter ein bewaldeter Hügel. Mein Standort war erhöht; Flächen wurden abgesteckt. Es wurden mindestens dreigeschossige Fabrikgebäude errichtet mit Flachdächern. Später wurden Gleise gelegt, zuerst über Brücken, dann zwischen den Brücken die Verbindung.

Dritte Nacht: Ruhe.

Traum II: Situation wie in der Schule oder am Schreibtisch (ohne Kollegen, ohne Schüler). Lesen einer Vorlage - eine Art Lehrplan - ohne exakte Kapitelnummer, die durchgenommen werden muss.

Prüferin #T, ♀ 31

Traum I (erste Nacht): Ich habe von unserem diesjährigen Sommerurlaub geträumt. Wir waren sehr viele Leute in einem ganz engen Raum (Appartement, Zelt oder Wohnwagen). Die beengte Situation hat mich sehr genervt. Wir wohnten auf einem hohen Berg. Die Kinder spielten an einem steilen, felsigen Abhang, und ich hatte ständig Angst, dass eines der Kinder dort abstürzt und in das darunter liegende Meer fällt. Mein Sohn kann noch nicht schwimmen. So hatte ich auch am Wasser ständig Angst, dass er ertrinkt.

Traum II (zweite Nacht): Ich hatte mehrere wirre Träume, kann mich aber an keinen erinnern. Nach jedem Traum war ich eine Zeit lang wach und wollte mir die Träume merken.

Sonstige Symptome:

– Am ersten Tag war ich ziemlich genervt und hatte keine Geduld.
– Am zweiten Tag war ich wieder sehr unausgeglichen.
– Einige Tage später bekam ich plötzlich eine starke Bronchitis.

Prüferin #U, ♀ 39

Traum I (erste Nacht): Mein Sohn machte mir Vorwürfe, dass bei einer bestimmten Sache alles beinhaltet wäre. Er dachte, es wäre für ihn negativ. Es stellte sich jedoch das heraus, was ich ihm sagte. Nämlich, dass es nicht stimmte.

Sonstige Symptome:
– Ich erwachte um ⏰^{40} Uhr. Ich hatte Bronchitis und bekam kaum noch Luft. Ich entfernte sofort das Mittel unter meinem Kopfkissen und brach die Prüfung ab.

Acht Tage später Wiederholung der Prüfung:

Traum II: Es war ein kleines Dorffest. Meine Freundin ging dort zum Tanzen hin. Ich wollte jedoch nicht. Ich ging zu einem Acker, auf dem eine Art Wohnwagen stand und holte dort meine Schlüssel für mein Auto. Ich stand vor dem Wohnwagen und rauchte eine Zigarette. Ich dachte darüber nach, dass ich diesmal wirklich nach Hause fahren darf (Affinität: Mutter). In direkter Nähe stand ein Haus, dort war mein Sohn. Er gab mir den Schlüssel, um den Wohnwagen wieder abzuschließen. Ich setzte mich in mein Auto und machte mich auf den Weg nach Hause. Unterwegs setzte sich jedoch mein Chef, ohne mich zu fragen, in das Auto. Er wollte mit mir nach Hause fahren. So zirka 3 km vor dem Ort lag jedoch überall Schnee. Es war schwierig, mit den Sommerreifen zu fahren. Viele Autos kamen nicht mehr richtig weiter (Steigung). Ich nahm jedoch genügend Schwung und fuhr einfach durch die Mitte, zwischen den anderen Autos vorbei. Bei der letzten Kurve vor dem Ortseingang befand sich eine weitere Steigung. Ich kam irgendwie nicht richtig weiter und bemerkte, dass mein Chef bemüht war, das Auto in der Fahrt zu blockieren. Ich sagte ihm, dass ich das absolut nicht in Ordnung fände. Ich drehte das Auto nach links ab und fuhr in eine Seitenstraße. Von dort aus bekam ich mehr Schwung und gelangte somit in den Ort (nach Hause). Während der Fahrt in diesen Ort wurde mein Chef immer anzüglicher. Er bestand wieder darauf, mit mir nach Hause (ein bestimmtes Haus) zu gehen. Ich hielt an und erklärte ihm, dass das nicht geht. Der nächstbesten Frau, die vorbei kam, erklärte ich einfach, sie solle diesen Mann mit nach Hause nehmen, weil es bei mir nicht ginge. Ich ließ beide stehen und ging.

Beim Erwachen wusste ich, dass ich zwei große und einen kleinen Traum dazwischen hatte. Es entstand in meinen Gedanken ein Hin und Her, diese

Träume aufzuschreiben oder nicht. Ich schlief wieder ein. Nach relativ kurzer Zeit erwachte ich und schrieb diesen Traum auf.

Sonstige Symptome:

– Es war ☽²⁰ Uhr und beim Erwachen lief mir Speichel aus dem linken Mundwinkel. Mein Gedanke war: 'Bei Babys oder alten Menschen ist das in Ordnung.'

Traum III: Sie wollten (verschiedene Menschen, die in meinem nahen Umfeld sind), dass es mir gut geht, aber das war effektiv eine Täuschung, denn wenn man ihre Gedanken kannte, war ganz klar, dass sie nur ihre eigenen Interessen vertreten wollten und mich dazu benutzten.

Auch diesen Traum wollte ich zunächst nicht aufschreiben (wie beim ersten).

Psychische Symptome und Einschätzung:

– Meine Gedanken: 'Täuschung' muss wohl ein großes Thema sein, denn ich verwechselte, seitdem ich das Mittel in meiner Wohnung hatte (14 Tage vor der Prüfung), ständig meine Katzen (sehr ähnliches Aussehen).
– Zu dem Thema Verwechslung (Täuschung) fällt mir spontan ein Punkt ein. Meine Mutter sagte mir, dass ich nicht ihre Tochter bin, sondern im Krankenhaus vertauscht (verwechselt) wurde. Mir sind die Begriffe 'Täuschung' und 'Verwechslung' bewusster.
– Der Mensch, der dieses Mittel braucht, ist für meine Begriffe wirklich zu bedauern. Er hat weder die Übersicht noch die Durchsicht bei den Dingen (im Leben).
– In der nächsten Nacht hatte ich verschiedene Träume, weiß jedoch nichts mehr davon, nur, dass sie nichts mit dem Mittel zu tun hatten.
– Im Büro: Ich verwechselte (vertauschte) zwei Frauen (beide blonde Haare) von verschiedenen Firmen. Es war so extrem, dass ich meinen Chef darauf aufmerksam machen wollte, dass er diese Frauen nicht verwechseln sollte. Zu meinem Glück sprach ich es nicht aus. Ich nahm die falschen Unterlagen und wurde natürlich von meinem Chef korrigiert. Mir wurde sofort die Vertauschung (Verwechslung) bewusst. Ich wusste an diesem Morgen nicht mehr den Wochentag, Dienstag oder Mittwoch.
– Nachmittags legte ich mich total erschöpft in mein Bett und schlief ein.

Traum IV: Ich war bisexuell. Meine Freundin (normalerweise sitzt sie im Rollstuhl, jedoch in diesem Traum nicht) küsste mich. Ihre Zunge war sehr rau, wie bei einer Katze. Sie war sehr heftig. Ich lehnte das jedoch ab. Ich erwachte in einem erregten Zustand. Über den Traum war ich im ersten Augenblick entsetzt. Zu dem Punkt Sexualität (Bi- bzw. Homosexualität) weiß ich, dass man lernen soll, sich selbst zu lieben.

Weitere Symptome:

- Normalerweise schlafe ich immer auf der linken Seite, jedoch während der Traumprüfung legte ich mich immer auf die rechte Seite. Es war mir einfach angenehm.
- Nachdem ich mit der Mittelprüfung aufhörte, waren die nächtlichen Hustenanfälle weg. Ich konnte endlich wieder durchschlafen.
- An beiden Tagen der Traumprüfung hatte ich Durchfall.
- [Auf Nachfrage, warum sie 'ich' unterstrichen habe:] Die Prüferin sagte, sie würde 'Ich' sonst nicht so häufig benutzen. Es wäre wohl ein sehr Ich-bezogenes Mittel.

Prüfer #V, ♂ 11

Es handelt sich um den ältesten Sohn einer Kollegin, der Anfang 2002 gerne auch einmal auf einer Arznei schlafen wollte. Sie mailte mir seine Träume dann zu.

Traum I: Es ist Nacht. Ich fahre im Bus. An einer Haltestelle steige ich vorne und ein Junge hinten aus. Ich halte mir ein schleimiges durchsichtiges Tuch vor das Gesicht. Ich sehe aus wie ein Dämon und will den Jungen erschrecken. Er erschrickt nicht, sondern geht einfach davon. An der nächsten Haltestelle wiederholt sich das Ganze.

Traum II: An einem Bootssteg, vor dem ein zirka 10 m langes Schiff ankert. Hinter dem Schiff steht eine Angel senkrecht im Wasser. Ich gehe über das Wasser zu der Angel und klettere an ihr hoch auf das Schiff - ich wundere mich im Traum, wie das geht. Der Angel ist nichts passiert. Im Radio höre ich, dass der Mann von dem Boot vermisst wird. Gedanke: 'Ertrunken!' Der Rumpf des Schiffes ist V-förmig ohne Gewichte, die es in Waage halten. Ich habe Angst, dass das Schiff wegschwimmt, ich damit kentere und ertrinke. In dem Schiff befindet sich ein großer Holzklotz - Kajüte mit Fenstern. Dann guckt mein Bruder [8] über den Bootsrand, zieht sich darüber und kommt aufs Schiff. Er bleibt kurz und springt dann wieder auf den Bootssteg.

Traum III: Ich befinde mich mit mindestens drei Freunden auf einer verwilderten Wiese, die niedergetrampelt ist. Auf ihr wachsen Pflanzen, die ähnlich dem Schöllkraut aussehen; sie blühen aber nicht - nur Knospen. Es kommen Arbeiter in blauen Klamotten, die diese Pflanzen mit der Sense abmähen. Sie nehmen die Pflanzen mit. Kurz darauf kommen sie mit den zerhäckselten Pflanzen wieder und streuen sie auf der Wiese breit. Meine Freunde und ich wundern uns darüber.

Traum IV: Ich habe vom Fußballspielen geträumt. Aber in jeder Mannschaft waren mindestens 20 Spieler. Das Spielfeld war total überfüllt.

Themenüberblick

- Unruhe / Eile / Hektik
- Tanzen
- Zeitdruck, etwas zu finden
- kein Platz / bedrängt
- Durcheinander / Fehler / Putzen
- Schmutz / Müll / Scheiße
- verfolgt / Ordnungshüter / 'Dreck am Stecken'
- Anzug
- anzüglich
- Widerwille
- dunkel / düster / negativ
- Ruinen
- Löcher
- Bretterverschlag
- großes Haus
- Wasser im Keller
- Elektrik
- bunt / Wiese / Weide
- Preis zu hoch / zu niedrig
- Umtopfen / Knolle
- anderes Obst
- Saugwerkzeug
- Husten
- Kopf ab
- Der Dämon

Themensammlung

(Die Buchstaben #A, #B, #C usw. stammen aus der deutschen Prüfung, die Ziffern #1, #2, #3 usw. aus der amerikanischen, von der die Gemütssymptome und Träume im zweiten Teil des Buches wörtlich wiedergegeben sind.)

☞ **Unruhe / Eile / Hektik**

- ... energiereicher ... insgesamt unruhiger, ich kann nicht lange auf einer Stelle sitzen; innerlich unruhig, muss mich bewegen, was tun - weiß nicht was ... während der gesamten Prüfungszeit getriebenes Gefühl, innere Unruhe. Ich musste mich bewegen - ungewöhnlich ... #A
- ... mehrere Tage hintereinander, immer Gedanken an die Arbeit, Arbeitskollegen, Ereignisse von der Arbeit oder an etwas, das erledigt werden muss ... #B
- Es herrschte eine große Aufregung - ich wusste nicht warum. Es herrschte ein Chaos - alle bewegten sich im Raum herum. Eine Großtante von mir hatte ein ganz schwaches Nervengerüst und brach fast zusammen. Sie regte sich über irgendetwas total auf und meinte, es wäre etwas ganz Schlimmes passiert. Sie war total neben der Spur ... #D
- Ich wollte mit dem Bus fahren und hatte meine Karte für kinderreiche Familien verloren, mit der man alle Fahrkarten bei Bus und Bahn zum halben Fahrpreis bekommt. Ich schwirrte im Haus rum und suchte überall meine Karte und verpasste anschließend den Bus, weil ich sie nicht fand. Ich machte alle Leute verrückt auf der Suche nach der Karte, ich suchte an verschiedenen Orten, wo normalerweise solche Sachen liegen, die man verloren hat, in Schubladen und so. Ich stand unter Zeitdruck, weil mein Bus abfuhr ... #D
- ... habe total durcheinander geträumt ... renne um einen Betonblock, es ist ein Stromhäuschen. Irgendjemand verfolgt mich und will mir ans Leben. Ich renne die ganze Zeit richtig mit vollem Karacho im Uhrzeigersinn um das Häuschen ... #E
- ... völlig durcheinander geträumt ... #G
- ... beide Nächte sehr lebhaft ... geträumt ... #I
- Ich schlief sehr schlecht und unruhig - eine Katastrophennacht - und mir ging nur das Auto im Kopf herum und auch das Wasserwerk, das gerade eine Menge Geld gekostet hatte ... Frau schlief genauso unruhig ... #K
- Ich habe 1000 Sachen geträumt - unheimlich viel - und total unruhig geschlafen ... #K

- Ich schlief die ganze Nacht nicht gut, war unruhig und oft wach ... #L
- ... stieg aus dem Auto und ließ die Schlüssel stecken, den Motor laufen und die Tür offen. Ich rannte zu der Frau und fragte sie, ob sie die Schranke öffnen könne ... völlig verzweifelt ... dann lief ich in der Stadt umher ... vorhin sei ein Mann mit so einem Auto wie verrückt mit quietschenden Reifen weggefahren ... #L
- ... angenehm aufgekratzt ... #P
- Ich finde das alte Motorrad ganz toll und überhole und halte sie an ... #Q
- Absolute Entspannung ... sanft und angenehm ... wundere mich über die Ruhe und Harmonie, weil ich im Moment eine stressige, turbulente Zeit habe und normalerweise Mühe habe, so schnell abzuschalten ... es geht mir sehr gut - absolute Stille - Trance [Heileffekt?] ... #R
- Am ersten Tag war ich ziemlich genervt und hatte keine Geduld ... #T
- Es entstand in meinen Gedanken ein Hin und Her, diese Träume aufzuschreiben oder nicht ... #U
- Meine Gedanken sind in schneller Bewegung ... #1
- Ich habe ein Kaleidoskop von Bildern im Kopf ... #1
- Ich war heute in der U-Bahn verwirrt ... #1
- Die meiste Zeit bin ich verwirrt - ich habe heute den Namen einer sehr wichtigen Person vergessen ... #7
- Ich habe den Namen eines Freundes vergessen, den ich schon mein Leben lang kenne ... #7
- Ich kann meine Gedanken nicht ordnen ... #8
- Es ist wie ein ... Irrgarten ... #8
- Ich fühle mich nervös; ich bin sehr gereizt durch schrille Geräusche ... #9

☞ **Tanzen**
- ... auf einer Kuhkoppel, an einem sanften Hügel, mit Stacheldraht eingezäunt. Alle ihre Freunde waren als Super-Punker verkleidet und tanzten ihr auf der Wiese ein Ballett vor, was natürlich gar nicht passte und sehr ulkig wirkte ... #P
- ... ein kleines Dorffest. Meine Freundin ging dort zum Tanzen hin ... #U

☞ **Zeitdruck, etwas zu finden**
- ... Bus ... Karte ... verloren ... machte alle Leute verrückt ... stand unter Zeitdruck, weil mein Bus abfuhr ... #D
- Ich renne die ganze Zeit richtig mit vollem Karacho im Uhrzeigersinn um das Häuschen ... #E

- In einem Traum klingelte ein Telefon oder ein Wecker ... #I
- ... vorhin sei ein Mann mit so einem Auto wie verrückt mit quietschenden Reifen weggefahren ... #L
- Als wir in der Wohnung sind, ist es schon zu spät, und wir müssen zurück, um uns zu verabschieden. Aber wir müssen unbedingt etwas finden, das sich in dieser Wohnung befindet und es abliefern, da wir sonst in große Schwierigkeiten geraten ... #O
- Ich wollte mein enormes Schlafbedürfnis etwas einschränken und habe mir für morgens den Wecker gestellt, den ich aber dann nach dem Klingeln zweimal wieder neu eingestellt habe, um noch etwas schlafen zu können ... #O
- Die Prüfung scheint mir schon drei Leben lang zu dauern, aber im Namen der Homöopathie muss ich weitermachen ... #5

☞ **kein Platz / bedrängt**
- ... in einem Obdachlosenasyl, ich stand zwischen zwei Pritschen (Metallbetten), auf denen Leute lagen. Ich war nur zu Besuch da; irgendjemand begleitete mich, ich weiß nicht wer ... sprach mit dem linken der beiden Obdachlosen, der auf der Pritsche lag. Dabei bemerkte ich, dass schwarze Flecke auf mich übersprangen. Ich versuchte, sie zu verscheuchen ... #A
- Ich war auf einer Beerdigung - auf dem Leichenschmaus. Für uns war im großen Saal kein Platz mehr. Wir mussten auf einer Treppe hinter einer Bretterverkleidung auf einem Podest sitzen ... #C
- Ich träumte von meiner Großfamilie - also von meiner Familie im weitesten Kreis. Leute, die ich alle zehn Jahre mal sehe, es war wie eine Familienfeier. Alle waren zusammen in einem ganz kleinen Raum. Wahrscheinlich ein Raum im Haus meiner Uroma, ein ganz winziger Raum; vielleicht 25 bis 30 Leute ... #D
- Überall saßen Leute, die nicht wussten, was sie machen sollten. Keiner wusste, warum; es war halt alles so, wie es war ... #F
- Wir retteten uns mit 10, 15 Leuten in eine winzige Baubude. Obwohl nur drei, vier Personen liegen konnten, entschlossen wir uns trotzdem, die Nacht in der Baubude zu verbringen und nicht ins Hotel zurück zu gehen. Drei, vier konnten liegen; es waren auch Wolldecken vorhanden, aber alle anderen mussten stehen ... #J
- Er sagt, dass dort noch andere Leute wohnen werden. Ich sage, dass ich noch nie mit fremden Leuten zusammen gewohnt hätte ... #M

- Mein Cousin klingelt ... er bricht einfach ein ... bin entsetzt, dass man mich so missachtet und meine Grenzen überrennt ... #R
- ... in einem großen Haus - viele Etagen - viele Räume - unwirkliche Szenen. Die Menschen dort (sehr viele!) spielen idiotische Spiele mit Einsatz ihrer ganzen Energie ... werde von allen Ecken und Seiten aus aufgefordert mitzuspielen. Ich mache nicht mit. Ich fühle mich bedrängt. Es gibt auch eine Etage mit vielen Räumen, wo es etwas zu essen gibt. Jemand läuft mir nach und bedrängt mich, mit ihm zu essen ... ist mir diese Person sehr unsympathisch - er verfolgt mich - ich habe Mühe, mich zu verdrücken ... #R
- ... sehr viele Leute in einem ganz engen Raum (Appartement, Zelt oder Wohnwagen). Die beengte Situation hat mich sehr genervt ... #T
- Unterwegs setzte sich jedoch mein Chef, ohne mich zu fragen, in das Auto ... während der Fahrt in diesen Ort wurde mein Chef immer anzüglicher. Er bestand wieder darauf, mit mir nach Hause (ein bestimmtes Haus) zu gehen ... #U
- Meine Freundin (normalerweise sitzt sie im Rollstuhl, jedoch in diesem Traum nicht) küsste mich. Ihre Zunge war sehr rau, wie bei einer Katze. Sie war sehr heftig. Ich lehnte das jedoch ab ... #U
- Ich habe vom Fußballspielen geträumt. Aber in jeder Mannschaft waren mindestens 20 Spieler. Das Spielfeld war total überfüllt ... #V

☞ **Durcheinander / Fehler / Putzen**
- Gefühl, mich nicht konzentrieren zu können ... mache vermehrt Rechtschreibfehler ... muss selbst jetzt beim Abschreiben mehrmals nachschauen, ob es auch wirklich so geschrieben wird ... vergesse Wörter und auch ganze Sätze, muss manche Abschnitte noch mehrmals lesen, auch jetzt muss ich den letzten Satz nochmals lesen, um zu wissen, wie ich weiter schreiben muss und nicht schon einen neuen zu beginnen ... ich glaube, ich bin etwas vergesslich, kann keinen Gedanken festhalten, habe überfliegende Gedanken ... Konzentration schlechter ... #A
- Ich hatte morgens alle Notizen übereinander gekritzelt. Die Schrift ging ineinander oder berührte sich. Ich musste sie morgens entziffern und ins Reine auf neue Zettel schreiben ... #C
- Alles war durcheinander ... #H
- Ich war völlig verzweifelt. Das Seltsame war, dass ich nicht mehr wusste, mit welchem Auto ich gekommen war. Ich hatte mir das Auto meiner Tante ausgeliehen, dachte aber, ich wäre mit einem

beigefarbenen Kadett gekommen (meine Tante hat einen dunkelblauen Citroên) ... #L
- Ich soll 69 DM und ein paar Pfennige bezahlen ... sie gibt mir die Sachen und ich sehe auf dem Kassenzettel, dass da 29 DM und ein paar Pfennige steht ... kenne diese Währung nicht und denke: 'Das sind Euro!' ... #M
- ... habe jetzt endlich mit dem Aufräumen angefangen [Heilwirkung?] ... #P
- Kopf wie benommen und Druckgefühl in den Schläfen ... so, als wäre der Kopf mit einer Zange gehalten. Es fällt mir etwas schwer, zu denken und mich zu konzentrieren ... #R
- Es entstand in meinen Gedanken ein Hin und Her, diese Träume aufzuschreiben oder nicht ... #U
- Ich verwechselte, seitdem ich das Mittel in meiner Wohnung hatte, ständig meine Katzen (sehr ähnliches Aussehen) ... 'Der Mensch, der dieses Mittel braucht, ist für meine Begriffe wirklich zu bedauern. Er hat weder die Übersicht noch die Durchsicht bei den Dingen (im Leben)' ... #U
- Ich verwechselte (vertauschte) zwei Frauen (beide blonde Haare) von verschiedenen Firmen. Es war so extrem, dass ich meinen Chef darauf aufmerksam machen wollte, dass er diese Frauen nicht verwechseln sollte. Zu meinem Glück sprach ich es nicht aus. Ich nahm die falschen Unterlagen und wurde natürlich von meinem Chef korrigiert. Mir wurde sofort die Vertauschung (Verwechslung) bewusst. Ich wusste an diesem Morgen nicht mehr den Wochentag, Dienstag oder Mittwoch ... #U
- Ich muss mein Haus komplett putzen ... #3
- Heute putze ich ganz spontan ... #6
- Ich habe einen starken Drang zum Putzen ... #9
- Ich habe mein Haus vollständig geputzt ... #9

☞ **Schmutz / Müll / Scheiße**

- Unser Haus hatte sehr (20 cm) tiefe Löcher und war sehr dreckig außen - wie nach dem Krieg. Ich redete die ganze Zeit an meinem Mann, damit er die Löcher wieder zuputzt und das Haus neu anstreicht. Das Schmutzige waren grüne Flecken, eher wie Schimmelflecken ... #B
- ... ein dunkler, schlecht beleuchteter, miefiger Raum, der nie gelüftet wird ... in Wirklichkeit sind es eigentlich zwei Räume, zwischen beiden befindet sich ein dicker Vorhang, es ist alles braun und alt, alles

zusammengewürfelt, gehäkelte Kissen und viele alte Bücher mit Goldschnitt, ein alter Globus, ein uraltes Klavier, das total verstimmt ist - in dem Raum wurde seit 50 Jahren nichts verändert ... #D
- Alles war ziemlich dunkel und düster; es gab keinen, der irgendwie fröhlich war. Alles war negativ ... keine Häuser mehr, nur Ruinen ... #F
- Ein altes, unheimliches Gemäuer. Die Zimmer so alt - es gefiel uns überhaupt nicht ... #J
- ... Treibgut und Unrat ... #O
- ... einem Mann ... der anscheinend Dreck am Stecken hat ... #O
- ... tiefer liegende Gemächer, in denen sie hoffte, wertvolle Dinge vom Familienbesitz finden zu können. Leider gab es nur Spinnweben und verrottete Pappe, die von Decke und Wänden hingen ... #P
- Ich musste den ganzen Tag die Scheiße anderer Leute schlucken ... #1
- Ich könnte im Bett in meiner eigenen Scheiße und Pisse liegen und an meinem Speichel ersticken und niemand würde sich um mich kümmern ... #1
- Ich muss mich an Scheiße erinnern ... #3
- ... eine Art Sittenverfall zwischen zwei schwulen Männern ... #5
- Ich machte einen Satz, als ich Müllsäcke sich in einem fahrbaren Müllcontainer bewegen sah ... #5
- Ein Mann in der U-Bahn streifte mich und ich fühlte mich schmierig und verunreinigt ... #5
- Das Mittel kommt aus der Erde - zersetzend und verfaulend ... #5
- Sah einen Transvestiten und konnte ihn vor Scham nicht ansehen ... #5
- Ich bin eingekreist von Verrottung und Zerfall ... #5
- Das Wort 'Müll' kommt mir ständig in den Sinn ... #5
- Ich hatte die Vorstellung von einem toten Eichhörnchen und Käfern und Wespen, die in seine leeren zusammengefallenen Augen krochen ... #5
- Ich fühle mich wie Kacke, innerlich verfault und verrottet; ich könnte weinen ... #5
- Ich fühle mich ölig und schmierig ... #5
- Als ich den Einband eines neuen Buchs aufschlug, wurde dort beschrieben, wie Maden Perlen reinigen ... #5
- Ich fühle mich zu dem Brackwasser zwischen den U-Bahn-Gleisen hingezogen ... #5
- Ich glaube, bei dieser Prüfung geht es um Müll ... #5
- Ich muss scheißen - so hocke ich mich hinter einen Eisenbahnsitz und erledige mein Geschäft in einen Kaffeefilter. Ich tue ihn in meine

Unterwäsche hinein. Ein alter Freund und seine Freundin kommen vorbei. Sie sind Pornostars und sagen mir, ich solle gucken kommen. Ich empfinde Widerwillen gegen derart schmutzige Sexualität ... #5
- ... Schmiergeld ... #5
- ... schmieriger Filmproduzent ... #5
- Hotdogs ... sie verwandeln sich in Maden ... #5
- Muss ein Tunnelsystem durchwandern, um in ein Kino zu gelangen ... #6
- Ich träumte, unterirdisch einen Tunnel zu graben ... #10
- Ich sah einen schwarzen Klumpen einer öligen Substanz ... #10

☞ **verfolgt / Ordnungshüter / 'Dreck am Stecken'**
- Ich renne um einen Betonblock, es ist ein Stromhäuschen. Irgendjemand verfolgt mich und will mir ans Leben. Ich renne die ganze Zeit richtig mit vollem Karacho im Uhrzeigersinn um das Häuschen, links ist es komplett dunkel, rechts sehe ich das Stromhäuschen und ich weiß genau: Hinter mir ist jemand. Ich drehe mich aber nicht um ... #E
- Mein Freund wurde zum Verbrecher; mit Perlenketten musste ich mein Geld verdienen. Die Polizei war hinter mir her, ich wusste nicht warum und bin dauernd weggelaufen ... #F
- Ich war verzweifelt, weil ich nun nicht zur Polizei konnte, weil ich nicht wusste, was für ein Auto mir gestohlen worden war ... #L
- Ich bleibe noch lange wach und habe Schuldgefühle, dass ich ein Mittel prüfe, wenn die Kinder dabei sind ... #M
- Plötzlich schaut sie ganz entsetzt, ruft 'Vater!', weil sie mich warnen will. Denn hinter mir ist der Mann, mit dem ich gekommen bin, und kommt mit schnellen Schritten und einem Messer in der Hand auf uns zu. In dem Moment, als ich mich umdrehe und mich dabei auch etwas seitlich von meiner Tochter wegdrehe, sticht der Mann zu und ersticht meine Tochter. Das Messer steckt oberhalb der linken Clavicula ... #O
- ... einem Mann ... der anscheinend Dreck am Stecken hat ... #O
- Ich kniete mit meinen Brüdern hinter meinen Eltern. Wir machten nur Quatsch und kicherten herum. Dann tauchte hinter uns eine 'Ordensschwester' auf, die bedrohlich mit verschiedenen Rohrstöckchen klapperte, die sie dann in eine Ecke stellte ... #P
- Ich konnte aus einer Kriegsgefangenschaft fliehen und wollte Hilfe holen ... #P

- Ich entlarve zwei Geschäftsmänner als Betrüger ... sie rennen vor mir davon und schämen sich. Einer verliert einen Aktenkoffer. Er ist voller Bomben, Handgranaten und Sprengsätze ... #R
- Die 'guten' Revolutionäre beschießen die 'bösen' Jungs mit Maschinenpistolen, bis sie durch die Kugeln liquidiert sind ... #5
- Ich begebe mich mit meiner Frau an einen Strand in Griechenland. Polizisten sind hinter uns her und wollen abklären, warum wir hier sind; sie bedrohen uns und wollen Schmiergeld ... #5
- Die Polizei wurde auf uns aufmerksam ... #6
- Bomben fallen vom Himmel. Soldaten greifen an und werfen Bomben ... #7

☞ **Anzug**
- ... älteste Tochter ging im Dunkeln im Schlafanzug in den Keller ... #L
- ... im Klassenzimmer. Es ist jetzt voll, auch der Lehrer ist schon da. Er ist stocksteif, hat einen weißen Anzug mit einem roten Streifen an allen Nähten und eine Krawatte an ... #M
- Ich steige aus, gehe eine Betontreppe hoch. Ich habe einen schwarzen Anzug an. Ich klingele. Alles ist still ... #O
- Ich gehe mit jemandem, der wie ich einen schwarzen Anzug und einen schwarzen Hut trägt, am Strand entlang ... #O
- Ich gehe mit einem anderen Mann, der wie ich einen schwarzen Anzug trägt, in ein großes, hell erleuchtetes Haus ... #O

☞ **anzüglich**
- Es steht schon eine andere Frau da. (Ich kenne sie von früher, sie war dafür bekannt, sich an Männer ranzumachen.) Sie will auch in eine Kabine. Sie hat ein lila Hemd und eine lila Hose an und streckt einen Arm nach oben, damit man ihre Brust sehen kann ... #M
- Während der Fahrt in diesen Ort wurde mein Chef immer anzüglicher. Er bestand wieder darauf, mit mir nach Hause (ein bestimmtes Haus) zu gehen. Ich hielt an und erklärte ihm, dass das nicht geht. Der nächstbesten Frau, die vorbei kam, erklärte ich einfach, sie solle diesen Mann mit nach Hause nehmen, weil es bei mir nicht ginge. Ich ließ beide stehen und ging ... #U
- Ich bin in Urlaub. Ich trage rote Kleider und sehe aus wie eine Prostituierte ... #2

- Ich bemerkte heute zweimal, dass mein Hosenschlitz (amerik: 'fly') offen war ... #5
- Meine Frau bekellnert unterwürfig ihre Freunde und einige gefräßige schwule Männer ... #5
- Ich suche eine Dusche. Ich gehe in den Duschraum für Männer. Sie sind ziemlich aufgebracht und bedrohen mich ... #6
- Ich stehe vor einem Urinal. Der Mann neben mir sagt, ich hätte einen sehr großen Penis und fragt, ob er ihn berühren darf. Ich stelle fest, dass der ganze Toilettenraum voller Perverser ist ... #10

☞ **Widerwille**
- Beim Hinsehen entdeckte ich ein zirka ⑤-DM-Stück-großes Loch. Es fehlte nur die Haut, darunter konnte man das rosige Fleisch sehen (ringsum ein weißer Rand). Dann bemerkte ich, wie sich unter der Haut etwas in Richtung Hand fraß. Sofort drückte ich mit der rechten Hand drauf, hielt es fest und erwachte in dieser Stellung. Großes Ekelgefühl; auch jetzt noch beim Erzählen habe ich Gänsehaut. Ich habe immer wieder darüber gestrichen und gerieben und nach Ungeziefer gesucht ... danach sofort das Mittel aus dem Zimmer entfernt, es war einfach eklig ... #A

☞ **dunkel / düster / negativ**
- Der Traum war grau in grau; nichts Farbiges ... #A
- Für eine Nachbarin hatte ich einen Bezug genäht für ihren neuen Stuhl ... gefiel mir nicht und passte auch nicht richtig, auch der Stuhlsessel - gefiel mir überhaupt nicht - ein dunkler Kippstuhl. Ich war unzufrieden mit allem ... #C
- Ich renne die ganze Zeit richtig mit vollem Karacho im Uhrzeigersinn um das Häuschen, links ist es komplett dunkel, rechts sehe ich das Stromhäuschen und ich weiß genau: Hinter mir ist jemand ... #E
- Alles war ziemlich dunkel und düster; es gab keinen, der irgendwie fröhlich war. Alles war negativ. Es gab keine Häuser mehr, nur Ruinen. Überall saßen Leute, die nicht wussten, was sie machen sollten. Keiner wusste, warum; es war halt alles so, wie es war ... #F

☞ **Ruinen:**
- Unser Haus hatte sehr (20 cm) tiefe Löcher und war sehr dreckig außen - wie nach dem Krieg. Ich redete die ganze Zeit an meinem Mann, damit er die Löcher wieder zuputzt und das Haus neu anstreicht ... #C
- Alles war ziemlich dunkel und düster; es gab keinen, der irgendwie fröhlich war. Alles war negativ. Es gab keine Häuser mehr, nur Ruinen. Überall saßen Leute, die nicht wussten, was sie machen sollten. Keiner wusste, warum; es war halt alles so, wie es war ... #F
- Ein altes, unheimliches Gemäuer. Die Zimmer so alt - es gefiel uns überhaupt nicht ... #J
- ... ein Museum. Ich gehe hinein und stelle fest, dass es dort gar nichts zu sehen gibt, alles ist vergammelt und leer ... #Q

☞ **Löcher**
- Beim Hinsehen entdeckte ich ein ca. ⑤-DM-Stück-großes Loch. Es fehlte nur die Haut, darunter konnte man das rosige Fleisch sehen (ringsum ein weißer Rand) ... #A
- Unser Haus hatte sehr (20 cm) tiefe Löcher ... wie nach dem Krieg ... #C

☞ **Bretterverschlag**
- Für uns war im großen Saal kein Platz mehr. Wir mussten auf einer Treppe hinter einer Bretterverkleidung auf einem Podest sitzen ... #C
- Es ist Sommer. Ein Junge am Strand wirft Treibgut und Unrat ins Meer zurück. Ich stehe hinter einem alten Bretterverschlag und beobachte ihn durch eine Ritze hindurch ... #O

☞ **großes Haus**
- In dem Haus, in dem wir waren, hatten wir Zimmer im ersten Stock ... ein Haus wie in Venedig: Der erste Stock war unheimlich hoch ... #J
- Ich komme an ein Haus, in dem ich künftig wohnen werde. Es ist dreistöckig, sehr hoch. Oben an dem geschwungenen Giebel liegen Stromkabel. Es ist sehr hoch ... 'Wie will er das in der Höhe machen, hat er so eine lange Leiter?' ... #M
- Ich gehe ... in ein großes, hell erleuchtetes Haus ... #O
- Ich sehe eine tropisch bewachsene Insel mit einem großen, schlossähnlichen Haus ... #P
- Ich bin auf einer Burg, so eine Art runder, alter Turm ... dort ist ein Museum ... #Q

- Ich bin in einem großen Haus - viele Etagen - viele Räume - unwirkliche Szenen ... #R
- Es wurden mindestens dreigeschossige Fabrikgebäude errichtet mit Flachdächern ... #S
- Ich kaufe ein Haus mit toller Eichenausstattung und teuren Kellern. Ein Flügel besteht ausschließlich aus frisch gekachelten Bädern. Kostet das Haus 35.000 $ oder 350.000 $? ... #5

☞ **Wasser im Keller**
- Es war aber ein Haus wie in Venedig: Der erste Stock war unheimlich hoch. Wenn man aus dem Fenster schaute, sah man: Das Haus stand im Wasser, im Kanal. Außen floss ein Fluss vorbei ... der Regen prasselte laut auf die Baubude ... #J
- An dem Tag, an dem die Kügelchen ankamen, ging unser Hauswasserwerk kaputt. In einer Dichtung war ein Leck und das Wasser aus der Zisterne wurde weiter in den Keller gepumpt. Am Folgetag kaufte ich ein neues Wasserwerk und baute es ein ... #K
- ... Wäsche in einem Wäschekorb ... auf dem Boden des Wäschekorbs, zwischen der Wäsche, steht Wasser. Ich hole Tempotaschentücher, um es aufzusaugen und brauche drei Päckchen ... #M
- Ich bin in einem größeren Gebäude - gehe in den Keller zur Toilette. Die Toilette ist voll Wasser - sie läuft über ⇨ massiv, immer mehr. Ich gehe nach oben und suche den Hausmeister. Dann gehe ich wieder nach unten: Das Wasser steht jetzt zirka einen Meter hoch in der gesamten unteren Etage ... #R
- Ich stehe morgens aus dem Bett auf. Meine Beine und Füße spannen total - ich blicke nach unten und bin entsetzt und in Panik! Die Unterschenkel und Füße sind angeschwollen wie ein Luftballon. Dann ein plötzliches Nässegefühl - die Haut ist geplatzt und das Wasser fließt aus ... #R
- Wir wohnten auf einem hohen Berg. Die Kinder spielten an einem steilen, felsigen Abhang, und ich hatte ständig Angst, dass eines der Kinder dort abstürzt und in das darunter liegende Meer fällt. Mein Sohn kann noch nicht schwimmen. So hatte ich auch am Wasser ständig Angst, dass er ertrinkt ... #T
- Ein Boot brannte auf dem Wasser ... #6

- Ich bin in einer Show im Colliseum. In der Show kommen drei große Goldfische vor ... #6
- Ich bin in einem großen gläsernen Gebäude, das aus dem Wasser ragt. Ich gehe schwimmen ... #6
- Ich träumte, ich war in einem Boot auf dem Meer ... #6
- Ich schaue von einer erhöhten Stelle nach unten. Eine große Menge Leute schwimmt in einem See und ich mache mir Sorgen, sie könnten ertrinken ... #10
- Ein Haus steht in Flammen - daher schaue ich mich nach einem Wasserschlauch um ... #10

☞ **Elektrik**
- Ich renne um einen Betonblock, es ist ein Stromhäuschen ... links ist es komplett dunkel, rechts sehe ich das Stromhäuschen ... #E
- Seit ich das Mittel unter dem Kopfkissen hatte, tut mir mein Hexenschuss weh, mein Ischias ... #J
- Am Abend kam meine Frau zurück - das Auto war defekt. Am nächsten Tag wurde es repariert. Ein Zündkabel war defekt: Der Funke sprang falsch über, nicht ins Kabel, sondern außen aufs Gehäuse. Dadurch bekam die Zündkerze keinen Saft und das Auto lief nur auf drei Töpfen ... #K
- Oben an dem geschwungenen Giebel liegen Stromkabel ... ich reiße sie irgendwie ab ... mein Mann sagt aber, dass er es reparieren kann ... #M

☞ **bunt / Wiese / Weide**
- Alles war durcheinander, total bunt. Ein rotbunter Faden zog sich durch den ganzen Traum. Ich habe etwas Rot-Buntes, Steiniges gesucht ... #H
- Eine Frau im Raddress ist drin. Dann ist sie fertig und kommt heraus. Der Lehrer meint, der Raddress würde gut aussehen. Es steht schon eine andere Frau da. (Ich kenne sie von früher, sie war dafür bekannt, sich an Männer ranzumachen.) Sie will auch in eine Kabine. Sie hat ein lila Hemd und eine lila Hose an und streckt einen Arm nach oben, damit man ihre Brust sehen kann ... #M
- ... Geburtstag auf einer Kuhkoppel ... mit Stacheldraht eingezäunt. Alle ihre Freunde waren als Super-Punker verkleidet und tanzten ihr auf der Wiese ein Ballett vor, was natürlich gar nicht passte und sehr ulkig wirkte ... #P

- Dann fing es mir an zu gefallen und ich konnte das normale Leben genießen und ging auf eine Geburtstagsfeier ... #P
- Frieden, Urlaub, Wiesen, Wälder, Wege, ein Teich, ein Bach. Ich bin mit dem Rad unterwegs - allein ... genieße den Frieden, bin in Harmonie, rieche die Luft und die Klarheit und die schöne Landschaft. Ich überlege in Ruhe, welchen Weg ich nehmen soll ... #R
- Ich befinde mich mit mindestens drei Freunden auf einer verwilderten Wiese, die niedergetrampelt ist ... nehmen die Pflanzen mit ... kommen sie mit den zerhäckselten Pflanzen wieder und streuen sie auf der Wiese breit ... #V
- Ich träumte, ich saß auf feuchtem Weideland ... #6
- Ich bin in einem großen Stadion, wo ein seltsames, 'Lacrosse'-artiges Spiel auf gemähtem Rasen gespielt wird. Der Ball ist ein großes flaches Kissen. Ich stelle fest, dass ich barfuß bin, und suche nach meinen Stiefeln ... #10

☞ **Preis zu hoch / zu niedrig**
- ... Hauswasserwerk kaputt ... am Folgetag kaufte ich ein neues Wasserwerk und baute es ein ... mir ging nur das Auto im Kopf herum und auch das Wasserwerk, das gerade eine Menge Geld gekostet hatte ... Gott sei Dank wurde die Reparatur nicht so teuer (150 Mark) ... #K
- Ich gehe in eine Bäckerei und kaufe vier Kaffeestückchen. Ich soll 69 DM und ein paar Pfennige bezahlen. Ich sage, dass das nicht sein kann. Die Verkäuferin besteht darauf und ich bezahle. Sie gibt mir die Sachen und ich sehe auf dem Kassenzettel, dass da 29 DM und ein paar Pfennige steht. Ich sage ihr, sie habe sich verlesen, und 29 DM seien immer noch zu viel ... #M
- Eine fremde Frau nötigt mich, ihr einen selbstgefertigten Kunstgegenstand abzukaufen. Die Arbeit ist sehr gut - der Preis, den sie verlangt, viel zu tief ... #R

☞ **Umtopfen/Knolle**
- Ich jätete im Garten Unkraut und hob mit dem Spaten große viereckige, etwa einen Meter tiefe Blöcke aus. Etwa 50 Zentimeter Durchmesser - sie waren auch schief und krumm, nicht exakt. Andere habe ich gelockert - wie wenn ich den Garten umgrabe. Bis ganz nach unten war alles verwurzelt, voller weißer dicker und dünner Wurzeln und Knollen. Die Pflanze hieß PAKINADE ... #C

- Sie gibt uns dann das, was wir suchen. Es ist eine große Frucht mit riesigen Kernen drin. Das sehe ich, weil schon ein Stück aus der Frucht herausgebrochen ist. Ich habe eher das Gefühl, dass es eine Knolle einer Pflanze ist, allerdings so groß wie eine Ananas ... M

☞ **anderes Obst**
- Sie gibt uns dann das, was wir suchen. Es ist eine große Frucht mit riesigen Kernen drin. Das sehe ich, weil schon ein Stück aus der Frucht herausgebrochen ist. Ich habe eher das Gefühl, dass es eine Knolle einer Pflanze ist, allerdings so groß wie eine Ananas ... #M
- Eine Birne. Sie ist vom Stiel her halb aufgegessen. Sie ist matschig, hat aber kein Birnengehäuse, sondern Feigenkerne in der Mitte ... #O
- Öl ist mit Sand gemischt. Dazu wird Wasser geschüttet. Es entsteht ein Klumpen. Dieses Bild hat die Bedeutung Essen ... #O
- Ich lege mehrere Bisquit-Kuchenböden übereinander und durchtränkte sie mit einer roten, halb flüssigen Masse, die aussah wie zermatschte Erdbeeren, aber es musste eine andere Frucht sein ... #P

☞ **Saugwerkzeug**
- Dort brachte man uns Bier hin. Das Seltsame war, dass sie uns ein Bierglas brachten, das die Form eines Sektglases hatte. Es war sehr hoch und hatte einen etwa 50 Zentimeter langen Stiel. Mit einem Krug mussten wir uns immer wieder das Bier in das hohe, schmale Glas füllen ... #C
- Auf dem Boden des Wäschekorbs, zwischen der Wäsche, steht Wasser. Ich hole Tempotaschentücher, um es aufzusaugen und brauche drei Päckchen ... #M
- In den Fahrstühlen und auf den Rolltreppen waren Monster. Die Monster saugten die Leute aus - viele starben ... #4

☞ **Husten**
- ... stechende Schmerzen im Kreuz (LWS), und, wenn ich gebückt bin, denke ich, ich kann mich nicht mehr gerade machen. Wärme lindert, es wird ganz schlimm, wenn ich husten oder niesen muss: Dann zieht's ... #J
- Meine Tochter ... wacht auf und hustet sehr stark. Abends war sie noch nicht krank. Es klingt sehr verschleimt, bei jedem Atemzug rasselt es. Der Husten klingt metallisch, ganz hohl. Sie kann nicht mehr einschlafen, bleibt eine halbe Stunde wach. Morgens ist der Husten

immer noch da, aber nicht mehr so schlimm. Er hat einen eigentümlichen Klang. Mittags ist er verschwunden ... einige Woche später hatte das Kind einen ähnlichen, hohlen, metallischen Husten ... gab *Musca domestica C30* und der Husten verschwand sofort ... #N
- Einige Tage später bekam ich plötzlich eine starke Bronchitis ... #T
- Ich erwachte um ☽^{40} Uhr ... Bronchitis und bekam kaum noch Luft ... nachdem ich mit der Mittelprüfung aufhörte, waren die nächtlichen Hustenanfälle weg. Ich konnte endlich wieder durchschlafen ... #U

☞ **Kopf ab**
- ... fürchterliche Halsschmerzen, kann den Kopf nicht drehen, dann fühlt es sich an, als reiße mir jemand den Kopf ab ... #A

☞ **Der Dämon**
- ... bemerkte ich, dass schwarze Flecke auf mich übersprangen. Ich versuchte, sie zu verscheuchen; dann bemerkte ich ein Kribbeln am linken Arm ... Ungeziefer gesucht ... #A
- Ein kleines Männchen (1,20 m) lief dabei herum - kurz und dick. Nicht übermäßig dick, nur gut gesetzt und ein dicker Kopf, rundes rotbackiges Gesicht. Er hatte die dunklen, kurzen Haare glatt gekämmt und einen Mittelscheitel. Er lief die ganze Zeit herum und redete nichts. Seltsam ... #C
- Ich sah ein Männchen und sagte: 'Da ist es ja wieder.' Das Männchen war sehr klein, vielleicht 10 cm groß, sandfarben und sah lustig aus und sprang hin und her. Als ich es mir näher ansehen wollte, löste es sich auf und war nur noch Sand ... #L
- Ich sitze im Auto, das Fenster auf der Fahrerseite ist halb offen. Ich steige aus, gehe eine Betontreppe hoch. Ich habe einen schwarzen Anzug an. Ich klingle. Alles ist still ... #O
- Ich gehe mit jemandem, der wie ich einen schwarzen Anzug und einen schwarzen Hut trägt, am Strand entlang ... #O
- Darauf ist ein Paar in schwarzem Leder mit klassisch alten Motorradhelmen, neben noch mit Leder-Ohrriemen ... #Q
- Ich halte mir ein schleimiges durchsichtiges Tuch vor das Gesicht. Ich sehe aus wie ein Dämon und will den Jungen erschrecken ... #V

- In den Fahrstühlen und auf den Rolltreppen waren Monster. Die Monster saugten die Leute aus - viele starben ... #4
- ... ein schmieriger Filmproduzent dort, der einen Film dreht ... #5
- Ein Gangster, aus einfachen Verhältnissen stammend, will mich für einen 'Intelligenz'-Job anwerben ... #8
- Ich habe Paranoia vor den schwarzen Männern in der U-Bahn ... #9
- Ich träumte von einem hässlichen schwarzen Hund ... #10
- Ich bin beunruhigt wegen eines Aufstands von schwarzen Amerikanern ... #10

 Verschreibungshypothesen (1998):

– ruhelose, hektische, getriebene, aufdringliche Patienten, 'unruhige Seele'
– hyperaktive Kinder mit Konzentrationsschwierigkeiten
– DD.: *Rhus-t.*, *Tarant.*, *Zinc.*

Repertoriumsrubriken für *Musca domestica*
(nach der Prüfung 1998 erstellt)

■ **Gemüt**

Fehler, Schreiben, beim
Fehler, Schreiben, beim, lässt etwas aus, Worte
Fehler, Schreiben, beim, lässt etwas aus, Sätze[NR]
Gedanken, Gedankenandrang, Arbeit, Gedanken an die Arbeit[NR]
Hast, Eile
Konzentration, schwierig
Reizbarkeit
Ruhelosigkeit
Ruhelosigkeit, innerlich
Ruhelosigkeit, Sitzen, im
Ruhelosigkeit, treibt umher
Schreiben, Unfähigkeit zu
Schreiben, unleserlich, schreibt
Ungeduld
Vergesslich
Vergesslich, Sätze beim Schreiben, vergisst[NR]
Vergesslich, Worte beim Schreiben, vergisst[NR]
Verwechselt, Personen, Gegenstände etc.[NR]
Wahnideen, Kopf, abreißen, jemand reißt den Kopf ab[NR]

■ **Träume**

Ballett, Kuhweide, auf einer[NR]
Bedrängt, wird bedrängt[NR]
Beengung, von[NR]
Bretterverkleidung, sitzt hinter einer[NR]
Elektrisch, von elektrischen Einrichtungen[NR]
Essen
Fliehen
Gebäude, große[NR]
Geld
Häuser, alte[NR]
Kleidung, Anzügen, Personen in[NR]
Männer, kleines Männchen[NR]
Menschen, viele, Raum, in einem kleinen[NR]
Nervenzusammenbruch, von[NR]

Obst
Polizei
Preis, der Preis ist zu hoch oder zu niedrig[NR]
Ruinen[NR]
Telefone, Telefon klingelt[NR]
Überschwemmung
Unrat, von, Verrottetem usw.[NR]
Verfolgt zu werden
Verrückt, macht alle Leute verrückt[NR]
Wasser
Wasser, Beinen, in den[NR]
Wasser, Keller, im[NR]
Zeit, Zeitdruck, von[NR]
Zimmer, miefige, schlecht gelüftete[NR]
Zimmer, schimmlig, vergammelt etc.[NR]
Zimmer, überfülltes[NR]

■ **Körperliche Symptome**

Kopf, Schmerz, drückend, Schläfen
Kopf, Zange, wie in einer[NR]
Ohr, Geräusche im Ohr, Ohrgeräusche
Nase, Verstopfung, rechts
Gesicht, Schmerz, Kiefer, Kiefergelenk, links
Gesicht, Steifheit, Kiefer, Unterkiefer
Mund, Speichelfluss
Äuß. Hals, Schmerz, Drehen des Kopfes, beim
Magen, Übelkeit
Atmung, Rasselnd
Husten, Atmen, ungenügend
Husten, Hohl
Husten, Metallisch
Brust, Schmerz, Atmen, beim
Rücken, Schmerz, Lumbalregion
Rücken, Schmerz, Lumbalregion, Husten, beim
Rücken, Schmerz, Lumbalregion, warme Anwendungen, amel.
Extr., Schmerz, Schulter, links
Schlaf, Lage, Seite, auf der, rechten Seite, auf der
Schlaf, Verlängert
Allg., Bewegung, Verlangen nach

Kasuistik zu *Musca domestica*

Bernd Schuster, ein guter Freund und Kollege aus Diez/Lahn, hatte trotz kritischer Haltung an der Kontaktprüfung von *Musca domestica* teilgenommen und das Arzneimittel am eigenen Leib erfahren. Er stellte mir für dieses Buch zwei seiner Fallgeschichten zur Verfügung. Nach seiner Einschätzung in dem Buch 'Cola in der Praxis' zählt *Musca domestica* zu den zehn wichtigsten Arzneien bei hyperaktiven Kindern.

Fall #1: Unruhe, Enuresis, Enkopresis
von Bernd Schuster

Sven ist im August 1995 geboren. Er wird erstmals im Oktober 1996 wegen eines trockenen Ausschlages um den Mund vorgestellt. Er ist sehr eigensinnig und schlägt die Mutter, wenn er etwas nicht bekommt. Er klettert überall herum, auf den Tisch und sogar auf den Schrank, draußen über alle Mauern. Sven schreit 'wie am Spieß', wenn er seinen Willen nicht bekommt und er darüber in Wut gerät.

Meine *erste Verschreibung* war *Lycopodium LM6*.

Im Januar 1999 kommt er, weil er unruhig ist, nicht schlafen kann und Angst in der Dunkelheit hat. Er erzählt von einer kleinen, orange Maus, die ihn ärgert. In seiner Fantasie kämpft er mit Geistern, Hexen und bösen Gestalten, die ihn angreifen. Gewalt und Kampf sind für ihn ein wichtiges Thema.

Meine *zweite Verschreibung* war *Stramonium LM 6*, das er bis zum Juli 1999 in einer niedrigen Dosierung bekam.

Was ich eigentlich berichten will, findet im Juli 1999 seinen Anfang. Er wird vorgestellt, weil er eine große Unruhe zeigt und in die Hose sowohl Urin wie Stuhl gehen lässt. Bisher haben keinerlei erzieherische Maßnahmen eine Änderung gebracht, er ist quasi völlig unbeeinflussbar durch die Eltern. Was den Eltern ganz besonders 'stinkt', ist die Tatsache, dass Sven nicht meldet, wenn er in die Hose gemacht hat und weiter spielt, als sei nichts gewesen. Das Malheur wird erst entdeckt, wenn er üble Gerüche verbreitet. Es scheint ihm nichts auszumachen, mit voller Hose herumzulaufen. [Sven macht derweil allerlei Unfug, rennt herum, macht Fratzen und hört nicht auf die Ermahnungen des Vaters, der droht, ihn ins Auto zu stecken, wenn er nicht brav ist.] Alle Ermahnungen bringen nichts. Die Unruhe ist ganz auffällig und sehr lästig. Alles verpufft, nichts beeinflusst das Kind. Er reizt sogar den Vater mit frechen Bemerkungen. Der Vater erzählt, dass der Junge Dinge macht, >bei denen man nur die Luft anhalten kann<: Er klettert an Mauern hoch und fährt mit dem Dreirad steilste Berge herunter. Er springt im Wohnzimmer so hoch wie es geht und lässt sich dann auf die Knie fallen, man kann es kaum mit ansehen. Aber das Unglaubliche: Es macht ihm nichts aus! [Sven steht gerade mit den dreckigen Schuhen auf der Couch.]

Dieses Bild erinnerte mich stark an die Stubenfliege, *Musca domestica*. Ich hatte die Prüfung damals selbst als Prüfer mitgemacht und die Prüfung studiert. Diese Unruhe und die Eigenschaft der Fliege, sehr lästig zu sein, unbeeinflussbar durch Ermahnungen und die Verbindung zum Einkoten, an allen möglichen Stellen und zu allen Zeiten, schaffte für mich eine große Ähnlichkeit zur Stubenfliege. Die Stubenfliege ist kein sauberes Wesen, sie setzt sich überall hin, auch auf Kot. Schmutz und Dreck, Gammel, spielten in der Prüfung eine Rolle.

Da das Mittel nicht im Repertorium steht, musste ich ganz ohne Repertorisation verschreiben, was sonst nicht meiner Arbeitsweise entspricht. Ich gab *Musca domestica C200 (Remedia)*, das ich in Wasser auflösen lies, und das an drei Tagen nacheinander, je drei Teelöffel innerhalb von 30 Minuten, gegeben wurde.

Verlauf [3.8.1999]: Spontan ist es viel besser, die Unruhe ist viel besser, das Einkoten ist sofort weg und das Einnässen ist sehr reduziert. Seine Aggressivität und Lästigkeit sind viel besser.

Weiterer Verlauf [3.9.1999]: *Musca* war sehr gut.

Weiterer Verlauf [21.9.2001]: *Musca* wirkte anhaltend und sehr beeindruckend. Einkoten und Einnässen sind geheilt, die Unruhe ist besser.

Fall #2: Unruhe, Übermut und Enkopresis
von Bernd Schuster

Thorsten ist im Oktober 1994 geboren und wird im März 1998 vorgestellt. Er kommt wegen chronisch rezidivierender Bronchitis, die immer wieder mit Antibiotika unterdrückt wurde. Öfter hatte er auch Angina und Mittelohrentzündungen, die alle mit Antibiotika behandelt wurden.

Er ist sehr unruhig und man kann ihn nicht allein lassen, ohne dass er etwas anstellt. Er reagiert nicht auf Strafe oder Ermahnung und ist sehr provokant. Wenn er sich die Hand verbrennt und man mit ihm schimpft, nimmt er absichtlich auch die andere Hand und verbrennt diese auch.

Er hat sehr viel Hunger. Thorstens Mutter ist sehr adipös, der Vater sehr klein und schmal. Thorsten isst gerne Schinken, Fleisch und Bananen.

Er kann sehr zornig werden, wirft sich auf den Boden und schreit. Er hat vor nichts Angst und macht die haarsträubendsten Dinge, springt Abhänge herunter ohne Rücksicht auf Verluste.

Meine erste *Verordnung*: *Tuberculinum GT C200 (= Neu-Tuberkulin, DHU)*. Die Globuli in Wasserauflösung, drei Teelöffel in 30 Minuten.

Er kommt im Januar 1999 wieder. Problem ist, dass er einkotet und einnässt und aus diesem Grund im Kindergarten abgelehnt wird. Thorsten beißt andere Kinder. Er macht immer noch gefährliche Sachen, rennt zum Beispiel vor Autos absichtlich über die Straße, dass den Eltern das Herz stehen bleibt. Er spricht im Alter von vier Jahren kaum, sagt Sätze wie: >Ich gute Idee!<

Aus der Familie der Mutter ist bekannt, dass alle Kinder nicht gut sprechen lernten. Er ist sehr unruhig und lästig in der Sprechstunde. Er stiehlt und lügt.

Verschreibung: *Stramonium LM 6, Dil. 1*: Besser werden Unruhe, das Sprechen, das Beißen, er fängt an mit den Eltern zu schmusen, was früher völlig fehlte.

Im April 1999 kommt er, weil er aufgedreht ist, >bis zum Gehtnichtmehr<, wie der Vater sich ausdrückt. Er rennt durch die Gegend und ist nicht zu bremsen, muss ständig in Bewegung sein. Er kotet ein und meldet es nicht; er schämt sich nicht einmal und schmiert mit dem Kot herum. Er macht eine große Schweinerei, die für ihn normal zu sein scheint. Er stellt sich mitten auf die Straße, wenn Autos kommen, man könnte wirklich an seinem Verstand zweifeln. Er fuhr mit dem Roller eine steile Bergstraße herunter und überschlug sich: Es machte ihm nichts aus und er lachte noch obendrein. Er hat keine Angst vor irgendetwas.

Verordnung: *Musca domestica C200* (*Remedia*), drei Tage lang drei Teelöffel der Wasserauflösung.

Verlauf [30.7.99]: Viel besser, er macht nichts 'Halsbrecherisches' mehr, bleibt an der Straße stehen und wartet, bis die Autos vorbei sind. Er ist nicht mehr so wild. Das Einnässen ist besser, das Einkoten ist nicht besser, er kotet dreimal täglich ein, eine richtige Wurst, kein Durchfall. Es kümmert ihn nicht, dass er Stuhl in der Hose hat, er setzt sich sogar so auf sein Dreirad und fährt herum; es scheint ihn nicht zu interessieren. Er war zum Schlafen bei der Oma, da hat er nicht eingekotet; es scheint Absicht zu sein, dass er es nur bei den Eltern macht. [Thorsten turnt auf den Eltern herum; er scheint fliegen zu wollen, breitet die Arme aus, steht auf der Mutter.] Er lügt, schiebt die Schuld auf andere, wenn etwas passiert ist. Er spielt auch jetzt mal allein mit seinen Autos, das war früher undenkbar. Er schläft abends nicht ein, ist unruhig. Er ist bis ☉ Uhr abends wach, kommt immer raus, legt das Bettzeug auf den Boden und macht alles durcheinander. Er macht nicht, was die Eltern von ihm verlangen, weint dann. Er will in die Kinderhorde, wo er toben kann. Am liebsten will er den ganzen Tag mit der Kinderhorde durch den Ort toben [wie ein Mückenschwarm]. >Er raubt mir den letzten Nerv!<, sagt die Mutter. Er wird nicht müde, auch wenn er den ganzen Tag getobt hat. Keine Neigung zum Reden. Thorsten macht nur Unsinn in der Sprechstunde. Im Kindergarten hat man das Mittel sehr bemerkt, das Kind ist besser in Gruppen einzuordnen. Keine Bronchitis mehr, keine Erkältung mehr.

Verordnung: *Musca domestica C1000* (*Remedia*), drei Teelöffel einmalig.

Weiterer Verlauf: Besserung aller restlichen Beschwerden; er kann eingeschult werden, er geht später zur Ergotherapie. Dauerhafte Wirkung.

In den beiden Fällen von Bernd Schuster verifizierte sich folgendes klinisches Wirkungsfeld von *Musca domestica*, das sich in der Arzneimittelprüfung schon angedeutet hatte (in Repertoriumsrubriken ausgedrückt):

- Hast, Eile
- Ruhelosigkeit
- Ruhelosigkeit, treibt umher
- Springen, Laufen, Rennen in leichtsinniger, rücksichtsloser Weise, und
- Klettern, Verlangen zu
- Lästig, geht auf die Nerven
- Ungehorsam
- Ungehorsam, Ermahnungen, unbeeinflusst durch[NR]
- Gefahr, kein Gefühl für Gefahr, hat
- Gefahr, kein Gefühl für Gefahr, hat, gefährdet für Unfälle[NR]
- Fallen, lässt sich, Angst, ohne[NR]
- Sprechen, langsam, lernt
- Schamlos
- Schmutzig
- Schmutzig, beschmutzt alles, macht alles schmutzig
- Schmutzig, urinieren und defäkieren überall, Kinder
- Rektum, Unwillkürlicher Stuhl
- Blase, Urinieren, unwillkürlich

Das Thema des Autounfalls entdeckte ich später auch bei zwei Prüferinnern der New Yorker Prüfung: „Ich hatte Angst, einen Autounfall zu haben" und: „Ich hatte einen Aussetzer und fuhr bei Rot los." Außerdem hatten die Prüfungsleiter im generellen Protokoll notiert: „Es gab Probleme mit dem Auto: Schlüsselverwechslungen, im Auto eingeschlossene Schlüssel, das Auto geriet von der Fahrbahn."

Fall #3: Entwicklungsrückstand, unverständliche Sprache
von Stefanie Poller

Diesen Fall faxte mir Steffi Poller zur Supervision, kurz nachdem ich das erste provisorische Skript zu *Musca domestica* erstellt hatte. Obwohl in der Fallgeschichte eindeutige Hinweise auf *Musca domestica* fehlten, erkannte ich doch ausreichend Ähnlichkeit zwischen Arzneimittelbild und Patientensymptomatik.

* * *

Patient ist der 3-jährige Mauritio.

>Er ist sehr anstrengend, wenn ich außer Haus bin, dann saust Mauritio in der Gegend rum und geht an alles. Zu Hause ist das ähnlich, da kann er alles rausräumen und ist fertig mit spielen. Ich muss ihn ständig beschäftigen. Er spielt gerne mit Playmobil oder Duplo. Wenn ich bei meiner Schwägerin bin, geht er ans Klavier. Ich störe ihn und er geht wieder dran. Er macht einfach weiter. Wenn der Mittlere etwas baut, dann zerstört es der Kleine. Er ist ständig in Bewegung.<

>Es hat angefangen vor einem Jahr. Wie er anfing mit Laufen, fing er an, rumzusausen. Es ist einfach stressig mit den beiden. Er ist mir zu anstrengend. Das war die Zeit, als die Kinderzimmer fertig waren und er aus unserem Schlafzimmer kam.<

>Mauritio ist gegenüber den anderen in der Entwicklung ein halbes Jahr hintendran. Er ist ständig am Reden, aber ich kann gar nichts verstehen.<

>Er hat nur Angst vor lauten Geräuschen und im Dunkeln müssen wir Licht anmachen. Sonst hat er keine Angst. Er ist ständig in Bewegung, geht an den Videorecorder, an alles einfach. Da ist er geschickt. Selbst die Kindersicherung kann er so drehen, dass ein Stecker reinpasst.<

>Als er auf die Welt kam, war er ganz ruhig. Wobei unser Ältester der Ruhigste war. Mauritio konnte man im Kinderwagen sitzen lassen, er blieb da. Erst als er anfing zu laufen, machte er die Hektik.<

>Die Schwangerschaft war nicht unkompliziert, Mauritio war nicht gewollt. Als ich mich an den Gedanken gewöhnt hatte, musste ich zur Fruchtwasseruntersuchung, weil ich 36 Jahre alt war. Dort wurde die Blase beschädigt und es ging Fruchtwasser ab. Ich musste 14 Tage im Krankenhaus bleiben und durfte zwei Monate nichts arbeiten. Ich hatte eine Haushaltshilfe, mit ihr ging das dann.<

>In den ersten Wochen der Schwangerschaft war es mir übel, danach ging es besser. Das Kind zu verlieren war meine größte Angst. Die Geburt war normal, nicht so schlimm wie die davor.<

>Mauritio hat vor nichts Angst. Tiere muss man vor ihm schützen. Sein Lieblingstier ist sein Krokodil. Das hat er immer dabei und reibt es an der Nase, wenn er müde ist. In der Mittagszeit ist er müde, aber ich kann ihn nicht hinlegen, sonst schläft er nachts nicht.<

>Wenn wir irgendwo sind, läuft er einfach weg und er wirft Sachen durch die Gegend, wenn er wütend wird. Wenn er etwas nicht bekommt, dann wirft er etwas und er sagt: 'Ich mache es doch!' - und tut es auch, wenn ich es verbiete. Manchmal denke ich, er versteht auch noch nicht alles, wenn ich ihm etwas erkläre.<

>Er ist richtig burschikos. Er hat Phasen, da klettert er auch, aber ich lasse ihn nicht. Er lässt sich einfach fallen, wenn ich hintendran stehe, egal wie hoch. Er ist eigentlich geschickt. Er würde nicht runterfallen. Er springt ins Wasser, ohne Angst zu haben, im Schwimmbad.<

>Vor Weihnachten hatte er Fieber und Mittelohrentzündung. Mit Krupphusten hat er zu tun. Das Fieber geht ganz schnell hoch, aber auch ganz schnell wieder runter. Er wird blass und hat Ringe unter den Augen. Er hat den Husten oft so, dass er brechen muss. Wenn ich ihn hinlege, kommt er nach einer Stunde und hustet.<

>Es macht ihm Spaß zu werfen.<

>Er schnuffelt an Schuhen, wie ein Hund. Er hat bis vor einem Jahr immer die Blumenerde aus dem Topf geräumt.<

>Mauritio hat noch nie über sein Ohrweh geklagt, er scheint das nicht zu merken. Er unterhält sich mit sich selbst, das macht er schon lange. Es hat auch lange gedauert, bis er sauber war, und er bekam erst mit einem Jahr Haare auf den Kopf. Er hatte keinen Milchschorf auf dem Kopf. Wenn er Erkältungen bekommt, dann hat er auch Bindehautentzündung.<

>Er macht alles nach, was die Großen vormachen, er macht den Clown. Er mag keine Handschuhe und Mützen und schwitzt wenig. Die Sonne kann er nicht vertragen wegen seiner hellen Haut.<

>Mauritio isst gerne Rinderbraten mit Soße und Kartoffeln. Milch trinkt er überhaupt nicht, als Baby seine Flaschennahrung; aber dann hat er sie abgelehnt. Mittagessen isst er gerne. Äpfel mag er gerne. Er isst gerne Salz und leckt Maggi, er probiert alles Salzige.<

>Bevor er zwei Jahre alt war, hat er die Flasche abgelegt, aber den Schnuller hat er viel. Er isst keinen Salat, kein Gemüse, saure Gurken mag er gern. Bananen mag er manchmal und manchmal gar nicht.<

>Er trinkt viel, sehr schnell sehr viel. Seine Verdauung ist gut, er hat eher Durchfall.<

>Mauritio ist kitzelig an den Füßen. Wir waren eine Woche im Schwarzwald, da hat er nur gebrochen und hat Fieber gekriegt. Wir sind dort hingefahren, weil es nur 2½ Stunden Fahrt sind. Er kann nicht ruhig sitzen, er will dann raus.<

>Toben kann er immer und es macht ihm Spaß und er schmust gerne. Er geht abends in sein eigenes Bett, kommt aber nachts in mein Bett. Abends haben wir einen Ritus. Er geht ins Bad, geht dann in sein Zimmer und wir singen dann noch und dann dürfen wir gehen. Nachts wird Mauritio manchmal wach und sieht nach, ob ich noch da bin.<

>Mauritio ist jähzornig, temperamentvoll, anhänglich und verschmust.<

Mittelfindung (Supervision):

Mauritio hat viele typische Symptome eines sehr aktiven Kindes; spezielle, der Arzneifindung dienliche zu finden, fällt schwer. Zu dem Zeitpunkt, als ich die Anamnese zur Supervision erhielt, hatte ich gerade die Arzneimittelprüfung von *Musca domestica* aufgearbeitet und entdeckte Parallelen, besonders zu Mauritios 'Herumsausen' in der Wohnung, >er kann nicht ruhig sitzen, er will dann raus.< Das passt natürlich auch zur Signatur der Stubenfliege, ebenso wie das Herumklettern überall. Ebenfalls gut zur 'Fliege' passend, die immer trotz Abwehrversuchen wieder zurück kommt: >Ich störe ihn und er geht wieder dran.<

Sequenzen aus der AMP:
- ↳ „*Ich schwirrte im Haus rum ... ich machte alle Leute verrückt*" ... #D
- „*Insgesamt unruhiger, ich kann nicht lange auf einer Stelle sitzen; innerlich unruhig, muss mich bewegen, was tun - weiß nicht was ... während der gesamten Prüfungszeit getriebenes Gefühl, innere Unruhe. Ich musste mich bewegen - ungewöhnlich*" ... #A
- ↳ „*Es herrschte eine große Aufregung - ich wusste nicht warum. Es herrschte ein Chaos - alle bewegten sich im Raum herum. Eine Großtante von mir hatte ein ganz schwaches Nervengerüst und brach fast zusammen. Sie regte sich über irgendetwas total auf und meinte, es wäre etwas ganz Schlimmes passiert. Sie war total neben der Spur*" ... #D
- „*Ich habe 1000 Sachen geträumt - unheimlich viel - und total unruhig geschlafen*" ... #K
- „*Ich schlief die ganze Nacht nicht gut, war unruhig und oft wach*" ... #L
- ↳ „*Ich rannte... völlig verzweifelt ... dann lief ich in der Stadt umher ... vorhin sei ein Mann mit so einem Auto wie verrückt mit quietschenden Reifen weggefahren*" ... #L
- „*Absolute Entspannung ... sanft und angenehm ... wundere mich über die Ruhe und Harmonie, weil ich im Moment eine stressige, turbulente Zeit habe und normalerweise Mühe habe, so schnell abzuschalten ... es geht mir sehr gut - absolute Stille - Trance*" ... #R
- „*Am ersten Tag war ich ziemlich genervt und hatte keine Geduld*" ... #T
- „*Es entstand in meinen Gedanken ein Hin und Her*" ... #U

Die Ähnlichkeiten zeigen, wie präzise Trauminhalte einer AMP auf das Patientenbild umgesetzt werden können.

>Er ... geht an den Videorecorder, an alles einfach. Da ist er geschickt. Selbst die Kindersicherung kann er so drehen, dass ein Stecker reinpasst.< Mauritios Interesse fürs Elektrische findet sich in der AMP wieder, wo ich eines der herausgearbeiteten Themen 'Elektrik' benannt hatte:

- ✧ „*Ich renne um einen Betonblock, es ist ein Stromhäuschen ... links ist es komplett dunkel, rechts sehe ich das Stromhäuschen*" ... #E
- „*Am Abend kam meine Frau zurück - das Auto war defekt. Am nächsten Tag wurde es repariert. Ein Zündkabel war defekt: Der Funke sprang falsch über, nicht ins Kabel, sondern außen aufs Gehäuse. Dadurch bekam die Zündkerze keinen Saft und das Auto lief nur auf drei Töpfen*" ... #K
- ✧ „*Oben an dem geschwungenen Giebel liegen Stromkabel ... ich reiße sie irgendwie ab ... mein Mann sagt aber, dass er es reparieren kann*" ... #M

Signaturbezug besteht hier zu Fliegen, die um das Licht kreisen.

'Umtopfen' kommt als Thema in der AMP vor; Mauritio >hat bis vor einem Jahr immer die Blumenerde aus dem Topf geräumt.<

- ✧ „*Ich jätete im Garten Unkraut und hob mit dem Spaten große viereckige, etwa einen Meter tiefe Blöcke aus. Etwa 50 Zentimeter Durchmesser - sie waren auch schief und krumm, nicht exakt. Andere habe ich gelockert - wie wenn ich den Garten umgrabe*" ... #C

[Der Bezug zu Schmutz und Erde kam in der amerikanischen Prüfung sehr deutlich zum Ausdruck.]

Alles in allem letztendlich doch eine Erfolg versprechende Mittelwahl!

Therapie: Musca domestica C30/C200 (Remedia).

Verlauf (Praxissitzung sechs Wochen später):

>Mauritio hat die Kügelchen genommen und hat einen Infekt gekriegt. Er bekam hoch Fieber. Wir haben die *C200* aufgelöst und es ging alles gut und schnell wieder weg.<

>Wir haben ihm die Dosis gegeben. Es ist nicht zu verstehen, aber Mauritio spricht jetzt ganz deutlich. Er spricht noch genauso viel wie vorher, aber wir können ihn verstehen. Wir haben den Eindruck, dass er damit richtig zufrieden ist, weil wir ihn verstehen. Wir haben ihn vorher nicht verstanden und er fühlte sich nicht verstanden.<

>Mit dem Rumsausen hat sich noch nichts getan. Am Anfang war das mit dem Hauen noch verstärkt, aber jetzt hat sich das auch gebessert. Sie verstehen sich besser.<

>Mauritio wuselt immer noch rum und saust in der Gegend rum. Aber er läuft nicht mehr weg. Wir müssen einfach nicht mehr so schauen, das ist angenehm. Dadurch, dass er mit uns kommunizieren kann, geht es uns allen besser.<

>Mit der Angst gibt es nichts Neues. Er hat noch Angst vor 'Schneidern' und Mücken, da schreit er wie abgerissen.<

>Zu Anfang nach der Einnahme hatte er öfter Bauchweh. Er hat wenig gegessen, Cornflakes und Fruchtquark, *Nutella*® und Kartoffeln mit Soße, sonst wollte er nichts. Gemüse mag er nicht.<

>Am Anfang bekam Mauritio auch Verstopfung, das hat sich nach einer Woche gelegt.<

>Er schläft gut ein und hat sogar zweimal durchgeschlafen. Er hat gesagt, dass er geträumt hat, dass er arbeitet.<

>Was noch deutlicher geworden ist, dass er immer an den Strom will; wir müssen ihn kontrollieren.<

>Wenn Mauritio müde ist, fängt er an zu stolpern. Ansonsten kennt er immer noch keine Gefahren, er klettert, springt, geht die Sprossenwand hoch. Er hopst auch noch so rum, aber kann sich auch beschäftigen und dann redet er mit sich selbst, aber er ist sichtlich erleichtert, dass er verständlich redet.<

Kommentar:

Ein deutlicher Fortschritt in der Sprachfähigkeit Mauritios, ein subtiler darin, dass er nicht mehr wegläuft.

>Er hat noch Angst vor Schneidern und Mücken, da schreit er wie abgerissen< - diese Angst, in der Erstanamnese erwähnt, hätte die Arzneifindung um einiges erleichtert. 'Stolpern' erinnert an *Apis mellifica*. ['Ungeschicklichkeit' stellte sich zu der Zeit auf der anderen Seite des Atlantiks als *Musca*-Symptom heraus.]

Therapie: Abwarten.

Weiterer Verlauf (nach insgesamt 15 Wochen):

>Wir haben nicht geglaubt, als Sie sagten, wir würden merken, wenn die Kügelchen aufhören zu wirken. Mauritio hat wieder diese Sturheit bekommen und den Eigensinn und kriegt wieder Wutanfälle. Er haut auch wieder.<

>Ansonsten hat er einen großen Entwicklungsschritt getan, die Erzieherinnen haben gefragt, ob das mit rechten Dingen zugeht, ob er manipuliert wurde. Er spricht ganz deutlich, nimmt alles wahr und ist reifer geworden. Seine Motorik hat sich verändert. Er ist jetzt einfach seinem Alter entsprechend. Er ist gewachsen, hat zugenommen und ist richtig geschickt geworden. Er stolpert nicht mehr, ist auch nicht mehr so plump in seinen Bewegungen. Er ging ins Bett, hat sich rumgelegt und geschlafen. Er macht nicht mehr so viel kaputt und es klappt auch mit dem Bruder. Ich muss nicht mehr ständig hinterher sein. Er erzählt immer noch mit sich selbst und er saust auch noch durch die Gegend. Er ist gerne draußen.<

>Mauritio isst richtig gut, deftiges Mittagessen, Pfannkuchen, Fleisch. Er trinkt noch viel, aber das holt er sich inzwischen auch selbst. Er geht auch allein aufs Klo.<

>Nachts schläft er durch, 10 bis 12 Stunden, und er schläft ruhig.<

>Im Spielkreis ging er nett mit den anderen Kindern um. Aber jetzt ist es wieder grausam, er klebt mir richtig an den Fersen, ist hinter mir her und lässt mich nicht in Ruhe. Ich bin so glücklich dass ich ihn verstehen kann, aber er quasselt mich tot. Auf Schritt und Tritt ist er hinter mir her und erzählt - das war die ganze Zeit nicht mehr. Das war so angenehm, wir können es jetzt gar nicht mehr so ertragen.<

Kommentar:

>Er klebt mir richtig an den Fersen, ist hinter mir her und lässt mich nicht in Ruhe ... auf Schritt und Tritt ist er hinter mir her ... < - Lästigkeit ist ein Wesensmerkmal der Fliege und wird sich in den kommenden Fällen als Leitsymptom von *Musca domestica* entpuppen:

- Lästig, geht auf die Nerven

Therapie: Musca domestica C200.

Weiterer Verlauf:

Das Mittel besserte die Symptome wieder; die positive Entwicklung bei Mauritio hielt an. Er bekam 1¾ Jahr nach Behandlungsbeginn noch einmal bei einem grippalen Infekt *Musca domestica C30* mit guter Wirkung.

Klinisch gefundene/bestätigte Rubriken aus Fall #3:

- Lästig, geht auf die Nerven
- Gesten, Gebärden, macht, fasst alles an[NR]
- Hast, Eile
- Ruhelosigkeit
- Ruhelosigkeit, treibt umher
- Springen, Laufen, Rennen in leichtsinniger, rücksichtsloser Weise, und
- Klettern, Verlangen zu
- Fallen, lässt sich, Angst, ohne[NR]
- Gefahr, kein Gefühl für Gefahr, hat
- Gefahr, kein Gefühl für Gefahr, hat, gefährdet für Unfälle[NR]
- Elektrizität, Interesse für, Kindern, bei, überlistet die Kindersicherung[NR]
- Ungehorsam
- Ungehorsam, Ermahnungen, unbeeinflusst durch[NR]
- Sprechen, langsam, lernt
- Entwicklungsstillstand bei Kindern
- Allg., Entwicklungsstillstand
- Extr., Ungeschicklichkeit
- Extr., Ungeschicklichkeit, Beine, stolpert beim Gehen

Fall #4: Konzentrationsschwäche

Dies war endlich mein erster eigener *Musca*-Fall. Die Nachbeobachtung ist zwar etwas kurz, aber das Symptomenbild war so eindrücklich, dass ich die Geschichte nicht vorenthalten möchte.

Ein 10-jähriges Mädchen, dabei ihre ungemein hektische Mutter.

>Der Grund, warum wir kommen? Ich habe mich mit Muriels Lehrer unterhalten. Sie leidet eventuell unter Prüfungsangst. Und die Konzentration.<

Das heißt? >Sie ist so unkonzentriert und nicht ganz zufrieden mit sich und so unglücklich. Da erschrickt man als Mutti. Mutti sagte: 'Die Welt geht nicht unter.' Muriel sagte: 'Aber bei mir im Bauch!'<

Das heißt? Muriel: >Im Bauch traurig, nicht mehr fröhlich.<

>Sie ist sehr ehrgeizig und setzt sich zu hohe Ziele. Der Druck, den sie sich setzt, ist zu hoch. Dann schafft sie es nicht. Man kriegt das als Mutter nicht abgefangen. Das ist unheimlich schwer.<

Konzentration? >Wenn Muriel sauer ist, ist sie so richtig zerfahren. Hände! Füße! 'Ich will *unbedingt*, dass es so ist.' 'Ich will das nicht!' 'Ich will das nicht!' 'Ich will, dass es klappt!'<

Muriel: >Zu Hause macht es mir nichts aus. In der Schule sind mehr Kinder, jeder schreit. Daheim geht es viel besser.<

>Sie fühlt sich unter Druck gesetzt in der Klasse. In der Klasse ist ein hohes Level.<

>Alles ist so dramatisch ... wenn sie krank ist ... sie ist sehr empfänglich für Fieber ... alles ist so dramatisch, alles ist dramatisch, Wahnsinnserlebnisse.< Es scheint eher die Mutter zu sein, die dramatisiert.

>Dann diese Herpesaktion: Es mussten acht Zähne gezogen werden, eine richtige Operation. Es hieß, die Viren würden sich an den Zähnen festsetzen.<

>Muriel fragt schon: 'Ist das schlimm?' - nur, wenn sie zum Beispiel hinfällt.<

Unkonzentriertheit genauer? Muriel: >Ich meine, der Kopf wäre leer. Dann spielen nur Zahlen im Kopf, Buchstaben, Zahlen, plus, minus, mal oder Buchstaben oder ein und das selbe Wort ist immer in meinem Kopf. Es fliegt alles im Kopf herum!<

>Sie weiß die Wörter nicht mehr in der Schule - zu Hause weiß sie sie wieder.<

Prüfungsängste? >Nein. Ich gehe zuversichtlich rein. Ich hole, was kommt.<

Aber? >Wenn eine schlechte Arbeit zurück kommt. Ich bin traurig, mir gefällt dann die Note nicht. Die Welt geht unter. Ich reiße das aus dem Heft raus, ich will das nicht mehr sehen.<

Bist du körperlich immer so zappelig? >Ja, die Füße ... ich reibe sie so aneinander und die Hände auch.<

>Muriel will immer Action: Fahrrad fahren ... .<

>Ich kann nicht lange vor dem Fernseher sitzen. Ich muss in Action sein. Raus, spielen, alle Sachen, Action, Reifenschaukeln. Ich bin lieber draußen als vor der Glotze. Abends spiele ich *Nintendo*™, da kann ich abschalten.<

Typische Action? >Bei Sonnenschein Fahrrad fahren, ich nehme einen Ball, und spiele Volleyball, ich spiele hin und her, Hüpfen mit dem Seil, Rollerskaten. Beim 800-Meter-Lauf bin ich Dritte geworden!<

Lieblingsbeschäftigung drinnen? >Wasserfarben. Ich male kleine Figuren an. Ich male Barbies die Haare an und das Gesicht, ich springe auf Matten und mache einen Purzelbaum, ich baue ein Haus unter dem Hochbett, ich mache alles zu, ich will oft allein spielen, ich will nicht mit meiner Cousine spielen ... .< Sie spricht sehr schnell und kaum zum Mitschreiben.

Oft allein spielen? >Ich spiele gern allein, ich schicke jemanden weg. Ich mag meistens allein spielen. Ich hole mir was zu trinken: *Sprite*®, Limo, *Punica*®.<

>Überall stehen bei Muriel *Sprite*®- und Limoflaschen herum; seit ihrem Geburtstag steht das Zeug im Zimmer rum.< Der Geburtstag war vor 14 Tagen.

Lieblingsspeisen? >Gerne Pizza, Linsensuppe, Nudelauflauf, Lasagne und Jogurt.<

Eklig? >Spinat, Blumenkohl, Mohrrüben, Zwiebeln und Pilze.<

Durst? >Muriel trinkt nur zwei Gläser.<

>Mit dem Strohhalm dauert es so lange!<

>Muriel will immer alles sofort und auf der Stelle.<

Ungeduld? Muriel strahlt: >Die sollen endlich mal wach werden. Ich will nicht sonntags den ganzen Tag drin bleiben, ich muss raus, ich muss raus, ich muss die Fenster auf haben.<

>Bei Muriel herrscht eine hektische Gesamtstimmung.< Muriel fällt ihrer Mutter ins Wort und sie reden durcheinander.

Körperlich? >Die Zähne; Muriel hatte nie Kinderkrankheiten, obwohl ich das nicht genau weiß; nur die Windpocken.<

>Meine Beine ... ich wachse viel ... der Oberschenkel tut so weh, wenn ich viel gerannt bin.<

Empfänglich für Fieber? >Muriel neigt sehr zu hohem Fieber, 39,9° C, sie hatte auch schon über 40° C. Sie kriegt sofort Fieber, der Körper schlägt sofort an.<

>Warum kann ich nicht normal sein? Muss es immer ich sein? Oooh ... warum ich?< Muriel gestikuliert dramatisch.

Sonst Wärmehaushalt? >Muriel hat oft kalte und feuchte Füße. Sie geht gern barfuß, sie hat nicht gern Strümpfe an.<

Schlaf? >Okay, ratz, ratz. Einmal hatte ich einen Arm aus dem Schlafanzug heraus und ... .< Sie redet extrem schnell.

>Muriel geht allein ins Bett und macht sich eine Cassette an und schläft gut ein.<

Träume? [Muriel seufzt:] >Ich träumte, meine Cousine fasste an den Ofen und verbrannte sich die Finger. Die ganze Hand war verbrannt.<

Träume sonst? >Dass ich ganz neue Bettwäsche kriege.<

Ängste? >Ich bin einmal von einem Bernhardiner angefallen worden in der Schweiz ... .< Sie erzählt weiter, die Mutter fällt ihr ins Wort und erzählt parallel die gleiche Episode, beide gestikulieren heftig dabei und es ist nichts mehr zu verstehen.

Tierängste sonst? >Spinnen mag Muriel überhaupt nicht.<

Warum? >Weil die mich pieksen.<

>Muriel ist empfindlich gegen Zecken, sie zieht Zecken an. Einmal hatte sie eine am Hals, der Hausarzt sagte: 'Du ziehst die Zecken an wie die Fliegen.'<

Berufswunsch? >Was ich nicht bin ... ich hab`s ... .< Sie macht keine Aussage, gestikuliert aber heftig.

Drei Zauberwünsche? >Ein Pferd, gaaanz groß ... und, hmmm, noch zwei.<

Am schlechtesten drauf? >Wenn in meinem Zimmer ganz viel Dreck liegt.<

>Das ist bei Muriel inzwischen eine mittlere Katastrophe, Kleider überall, Strümpfe unterm Bett.<

Sauberkeit? >Sie hat sich eine Gasse freigehalten, da kommt sie gerade so durch. Sie mag auch keine Seife im Gesicht.<

Weinen? >Nur wenn meine Mutter mir etwas sagt, was mir nicht passt.<

Zorn? >Ich zapple dann mit den Füßen und mit den Armen. Ich reibe mit ihnen hin und her. Alles soll richtig sein ... .< Die Tochter will weiter erzählen, aber die Mutter redet ohne Unterlass.

Lieblingstiere? >'Katze, dich habe ich ganz lieb.' Pferde auch.<

Sammeln? >*Diddl*™-Mäuse, Stifte, Mäppchen. Das ist doch schöööön, das ist doch hip.<

Geerbt von der Mutter? >In der Schule war das bei mir auch so. Ich bin auch Sportfan. Auch so ein dramatischer Typ. Wir steigern uns gegenseitig hoch, ich lasse sie wenig in Ruhe.<

Vom Vater? >Sie teilt nicht gern. Sie ist stur. Sie sagt ganz konsequent und unnachgiebig: 'Ich will das nicht.' Was sie nicht will, macht sie nicht.<

Die Schwangerschaft? >Das war eine dramatische Aktion. Ich hatte eine Hebamme, mit der ich nicht zurecht kam. Die Geburt wurde eingeleitet. Ich hatte Stress in der Schwangerschaft, einen richtigen Nervenzusammenbruch. Ich hatte 22 Kilo zugenommen. Das Fruchtwasser war ganz grün, Muriel bekam gleich Antibiotika. Der Arzt sagte: 'Es sah aus, als ob der Körper aufgehört hätte, sie vor vier, fünf Wochen zu ernähren.'<

Die Hebamme? >Sie hatte gesagt: 'Wenn man so zugenommen hat, kann man keine Kinder mehr kriegen.' Ich war nervlich am Boden. Ich heulte nur noch. Ich schrie nur noch herum. Ich hatte richtige Tobsuchtsanfälle.<

Ergehen dabei? >Man ist am Boden zerstört. Die Welt bricht zusammen. Ich musste mich rechtfertigen - sie maßte sich das an, so unverschämt. Sie merkte gar nicht, wie tief sie mich traf.<

Reaktion darauf? >Ich war grangelig. Ich hatte Angst, ob das Kind gesund auf die Welt kommt. Die Ärzte sind immer gleich so dramatisch. Das war alles ein Drama, meine Tante, die Hebamme ... ich war so eingekesselt von meiner Mutter ... von der Zeit an ging es mir schlecht.<

Gefühl gegenüber der Hebamme? >So eine alte, schrullige Pflaume gibt mir so was auf den Weg! Da macht man sich verrückt.<

Mittelfindung:

Deutlich prägend auf Muriel scheint die Schwangerschaft der Mutter zu sein: Sie hat dort das Gefühl: >Man ist am Boden zerstört. Die Welt bricht zusammen.< Muriel empfindet: >Wenn eine schlechte Arbeit zurück kommt ... die Welt geht unter.< Oder: >Mutti sagte: 'Die Welt geht nicht unter.' Muriel sagte: 'Aber bei mir im Bauch!'<

Ansonsten beschreiben folgende Ausdrücke die heutige Situation Muriels fast besser, als die vorangegangene direkte Schilderung: >Stress ... einen richtigen Nervenzusammenbruch< ... >... alles ein Drama< ... >Da macht man sich verrückt.<

>Nervenzusammenbruch<! Das war ein Wort, das auch meine Empfindungen während der Anamnese bestens umschrieb!

Heute: >Dramatisch ... dramatisch ... Wahnsinnserlebnisse.< Verstärkt wird alles durch die 'lästige' Mutter: >Wir steigern uns gegenseitig hoch, ich lasse sie wenig in Ruhe.<

Die Beschreibung von Muriels Symptomatik glich der bei vielen 'hyperaktiven' Kindern, gespickt mit Mutmaßungen von Mutter und 'Fachleuten'. So galt es, das Besondere herauszufischen.

Sonderlich erschien mir folgende Sequenz: >Ich meine, der Kopf wäre leer. Dann spielen nur Zahlen im Kopf, Buchstaben, Zahlen, plus, minus, mal oder Buchstaben oder ein und das selbe Wort ist immer in meinem Kopf. Es fliegt alles im Kopf herum!<

Die Unruhe der Extremitäten hat eine eigentümliche Nuance: >Ja, die Füße ... ich reibe sie so aneinander und die Hände auch.< Die Frage nach 'Zorn' beantwortet Muriel später in ähnlicher Weise: >Ich zapple dann mit den Füßen und mit den Armen. Ich reibe mit ihnen hin und her. Alles soll richtig sein.< Beschreibung durch die Mutter: >Wenn Muriel sauer ist, ist sie so richtig zerfahren. Hände! Füße!<

Hier zeichnete sich die homöopathische Arzneidiagnose bereits deutlich ab: >Fliegt alles im Kopf herum!< + Hände-und-Füße-Aneinanderreiben: Das 'roch' sehr nach der Stubenfliege *Musca domestica*. Das Mittel hatten wir einige Zeit zuvor in einer Gruppe homöopathisch geprüft.

Eine hektische Fliege an einer Fensterscheibe vor Augen, macht Folgendes mehr Sinn: >... dauert es so lange!< ... Ungeduld: >Ich will nicht ... drin bleiben, ich muss raus, ich muss raus, ich muss die Fenster auf haben.<

Auf Muriels Spinnenangst fällt plötzlich ein anderes Licht. Muriels Hausarzt ahnt - ohne es wahrzunehmen - etwas von Muriels 'Besessenheit': 'Du ziehst die Zecken an wie die Fliegen.'<

Hektische Hyperaktivität (inklusive Nervenzusammenbruch) war das Hauptthema der Arzneimittelprüfung. Beachten Sie die Ähnlichkeit bis aufs Wort in manchen der folgenden Passagen aus der AMP:

– *„Insgesamt unruhiger, ich kann nicht lange auf einer Stelle sitzen; innerlich unruhig, muss mich bewegen, was tun - weiß nicht was ... während der gesamten Prüfungszeit getriebenes Gefühl, innere Unruhe. Ich musste mich bewegen - ungewöhnlich"* ... #A
– *„Es herrschte eine große Aufregung - ich wusste nicht warum. Es herrschte ein Chaos - alle bewegten sich im Raum herum. Eine Großtante von mir hatte ein ganz schwaches Nervengerüst und brach fast zusammen. Sie regte sich über irgendetwas total auf und meinte, es wäre etwas ganz Schlimmes passiert. Sie war total neben der Spur"* ... #D
– *„Ich schwirrte im Haus rum ... ich machte alle Leute verrückt"* ... #D
– *„Ich habe 1000 Sachen geträumt - unheimlich viel - und total unruhig geschlafen"* ... #K

- „ *Ich schlief die ganze Nacht nicht gut, war unruhig und oft wach."* #L
- ♪ „*Ich rannte... völlig verzweifelt ... dann lief ich in der Stadt umher ... vorhin sei ein Mann mit so einem Auto wie verrückt mit quietschenden Reifen weggefahren*" ... #L
- „*Absolute Entspannung ... sanft und angenehm ... wundere mich über die Ruhe und Harmonie, weil ich im Moment eine stressige, turbulente Zeit habe und normalerweise Mühe habe, so schnell abzuschalten ... es geht mir sehr gut - absolute Stille - Trance"* ... #R
- „*Am ersten Tag war ich ziemlich genervt und hatte keine Geduld"* ... #T
- „*Es entstand in meinen Gedanken ein Hin und Her"* ... #U

Speisereste und Unrat akquiriert sich Muriel in ihrem Umfeld: >Überall stehen bei Muriel *Sprite*®- und Limoflaschen herum; seit ihrem Geburtstag [vor 14 Tagen] steht das Zeug im Zimmer rum< ... >Wenn in meinem Zimmer ganz viel Dreck liegt< ... >... eine mittlere Katastrophe, Kleider überall, Strümpfe unterm Bett< ... >Sie hat sich eine Gasse freigehalten, da kommt sie gerade so durch. Sie mag auch keine Seife im Gesicht.< Auch das war ein Thema der Prüfung:

- ♪ „*Unser Haus ... war sehr dreckig außen ... das Schmutzige waren grüne Flecken, eher wie Schimmelflecken"* ... #C
- ♪ „*... ein dunkler, schlecht beleuchteter, miefiger Raum, der nie gelüftet wird ... es ist alles braun und alt, alles zusammengewürfelt, gehäkelte Kissen und viele alte Bücher mit Goldschnitt, ein alter Globus, ein uraltes Klavier, das total verstimmt ist - in dem Raum wurde seit 50 Jahren nichts verändert"* ... #D
- ♪ „*Alles war ziemlich dunkel und düster; es gab keinen, der irgendwie fröhlich war. Alles war negativ. Es gab keine Häuser mehr, nur Ruinen"* ... #F
- ♪ „*Die Zimmer so alt - es gefiel uns überhaupt nicht"* ... #J
- ♪ „*... Treibgut und Unrat"* ... #O
- ♪ „*... tiefer liegende Gemächer ... leider gab es nur Spinnweben und verrottete Pappe, die von Decke und Wänden hingen"* ... #P
- „*... habe jetzt endlich mit dem Aufräumen angefangen"* ... #P

[In der amerikanischen Prüfung sollten sich später gehäuft Hinweise auf das Thema 'Müll und Kehricht' finden.]

'Konzentrationsschwäche', der Anlass, aus dem die Mutter Muriel zu mir brachte, war eine weitere thematische Verdichtung der AMP:

- *„Gefühl, mich nicht konzentrieren zu können. Mache vermehrt Rechtschreibfehler. Ich muss selbst jetzt beim Abschreiben mehrmals nachschauen, ob es auch wirklich so geschrieben wird. Ich vergesse Wörter und auch ganze Sätze, muss manche Abschnitte noch mehrmals lesen, auch jetzt muss ich den letzten Satz nochmals lesen, um zu wissen, wie ich weiter schreiben muss und nicht schon einen neuen zu beginnen ... ich bin etwas vergesslich, kann keinen Gedanken festhalten, habe überfliegende Gedanken ... Konzentration schlechter"* ... #A
- *„Ich hatte morgens alle Notizen übereinander gekritzelt. Die Schrift ging ineinander oder berührte sich. Ich musste sie morgens entziffern und ins Reine auf neue Zettel schreiben"* ... #C
- *„Alles war durcheinander"* ... #H
- *„Kopf wie benommen und Druckgefühl in den Schläfen ... so, als wäre der Kopf mit einer Zange gehalten. Es fällt mir etwas schwer, zu denken und mich zu konzentrieren"* ... #R
- *„Ich verwechselte, seitdem ich das Mittel in meiner Wohnung hatte, ständig meine Katzen ... der Mensch, der dieses Mittel braucht, ist für meine Begriffe wirklich zu bedauern. Er hat weder die Übersicht noch die Durchsicht bei den Dingen (im Leben)"* ... #U

Differentialdiagnose: >Ich träumte, meine Cousine fasste an den Ofen und verbrannte sich die Finger. Die ganze Hand war verbrannt.< Muriels Mutter kam eine Woche später zur Erstanamnese und erhielt mit guter Wirkung *Ignis alcoholis*. Hätte ich das Mittel der Mutter früher gekannt, wäre ich ins Zweifeln gekommen. Muriels Vater ist Feuerwehrschef. In der AMP von *Musca* taucht 'Feuer' nur an einer Stelle auf:

- *„Ich gehe mit einem anderen Mann, der wie ich einen schwarzen Anzug trägt, in ein großes, hell erleuchtetes Haus. Ich sehe zwei Feuerwehrleute"* ... #O

Zu 'Feuer' und besonders 'Schmutz' passt natürlich auch *Sulfur*, das wohl die meisten Kollegen als Erstes verordnet hätten.

Therapie: Musca domestica C30/C200 (Remedia).

Verlauf (Anruf zwei Tage nach der Einnahme):

>Muriel hat sich extrem verschlechtert. Sie ist eine Katastrophe, noch schlimmer! Sie ist total aus der Hose! Keine Konzentration ... wie vor einen Hammer gelaufen, total fertig, aus der Hose. Sie ist auch nicht ruhiger, gar nichts. Sie hat auch Schluckbeschwerden.<

Überlegung:

Eine so dramatische Erstreaktion lässt sich in der Regel am besten abfangen durch das gleiche Mittel in sehr hoher Potenz, daher war die

Therapie: Musca domestica XM (Remedia).

Weiterer Verlauf (Praxissitzung nach sieben Wochen):

>Nach den zweiten Kügelchen war nichts mehr Schlimmes. Die Schluckbeschwerden waren in wenigen Stunden weg.<

Veränderungen? >Muriel ist aufmüpfiger. Sie hat mehr gegessen, Süßigkeiten, Kartoffeln, alles ... Essattacken.<

Aufmüpfiger? >Wenn ich etwas sage, sagt sie: 'Ich bin nicht blöd, ich habe das schon verstanden!' Sie wehrt sich mehr, sie lässt sich nichts gefallen.<

Die Konzentration? Muriel: >Das ist jetzt besser geworden. Das ist viel besser geworden! Auch wenn ich viel machen muss, bleiben Teile im Kopf. Mathe ist besser ... es geht besser. Wir haben einen Aufsatz geschrieben, da war die Lehrerin ganz begeistert.<

>Die Lehrerin schrieb: 'Der Satzbau ist besser geworden.'<

Der Aufsatz? >Die Überschrift war 'Glück im Unglück'. Ich gehe an einem Samstag spazieren mit Mama, meinem Bruder und Papa in der Fußgängerzone. Ein Hund kommt uns entgegen. Ich schreie - Mama erschrickt. Er bellt laut. Sein Herrchen kann ihn fast nicht halten. Er reißt die Leine durch und rennt los - an die Rostwurstbude! *Deshalb* hat er sich losgerissen! Ich kaufe ihm ein Würstchen und eine neue Leine.<

Mathematik? >Das geht flotter ... Muriel regt sich nicht mehr so auf über die Hausaufgaben. Sie kann sich viel besser gegen mich behaupten.<

>Ein paar Punkte sind doch sehr erfreulich, nach der zweiten Dosis ging es erst richtig los mit der Besserung. Mein Mann war anfangs sehr skeptisch ... .<

Sonst Veränderungen? >Muriel lacht mehr. Sie schaut mehr nach mir, ja. Und sie ist schlau geworden: Sie ist mehr geordnet und räumt ihr Zimmer auf und spielt dann im Zimmer ihres Bruders. Ich rege mich auch nicht mehr so auf.<

Kommentar: Durchgreifende Besserung in jeder Hinsicht.

Therapie: *Abwarten*.

Weiterer Verlauf:

Den Folgetermin sagte die Mutter kurzfristig (>aus Zeitgründen, ich schaffe es heute nicht<) auf dem Anrufbeantworter ab. Sie wollte sich wieder melden, tat es aber nicht, und ich habe nichts mehr von ihnen gehört. So bleibt statt eines Heilungsberichtes 'nur' die Beschreibung einer schönen Reaktion auf *Musca domestica*.

Wenn auch nur mit kurzer Beobachtungszeit, hatte sich Folgendes klinisch zweifelsohne gebessert (in Rubrikenform):

- Konzentration, schwierig
- Gedanken, wandernd, umherschweifend
- Fehler, Schreiben, beim
- Unordentlich
- Chaotisch
- Ruhelosigkeit
- Ruhelosigkeit, treibt umher

Fall #5: Entwicklungsverzögerung

Miklas ist knapp 12 Jahre alt; sein kindischer Gesichtsausdruck, seine linkischen Körperbewegungen und seine enorm schlaffe Körperhaltung lassen seine leichte Behinderung erkennen. Die Mutter ist mit dabei.

>Miklas wird in einem Monat 12 und hat einen großen Bruder. Als er geboren wurde, war am Anfang alles unauffällig. Dann stellte sich heraus, dass eine Entwicklungsverzögerung da war.<

>Mit einem halben Jahr drehte er sich noch nicht ... die ganzen U-Untersuchungen ... es wurde immer krasser. Zum Beispiel das Laufenlernen. Gekrabbelt ist er gar nicht, er robbte nur. Er machte gar keine Anstalten. Mit 20 Monaten hat er angefangen zu laufen ... . Er übte mit der Krankengymnastin ... so zog es sich und zieht sich noch bis heute durch.<

>Man hat auch Wahrnehmungsstörungen im taktilen und kinästhetischen Bereich festgestellt. Jede Form von Schreiben fällt ihm schwer, er hat zu wenig Druck auf dem Stift. Er kann nicht gut konzentriert umsetzen, was im Kopf ist. Miklas war ein Jahr in einer Vorschulklasse und in der Sprachschule. Leider wurde das im ersten und zweiten Schuljahr nicht so umgesetzt. Er geht in eine Regelschule und hat vier Stunden in der Woche eine Integrationslehrerin und einen Zivi, der ihn betreut. Das Ganze wurde zunächst unter 'Sprachbehinderung' einsortiert, dann, damit das mit der Bewilligung für einen Zivi klappte, unter 'Körperbehinderung'. Der Zivi hat im Unterricht die Aufgabe, ihn an die Arbeit zurückzuholen.<

>Von klein auf war Miklas sehr oft krank, Hals, Mandeln, Bronchien. Er war unheimlich unruhig und kribbelig. Er hat einen schwachen Muskeltonus, man merkt das an der Sprache, an den Lippen. Im Moment ist Miklas in einer Tiefphase.<

Unruhe genauer? >Besonders die Hände, der Oberkörper. Unten wippt er auch mit.<

Lippen? >Die Sprache ist nicht so toll. Die Konzentration ist in Bezug auf langweilige Sachen wie Hausaufgaben nicht so toll. Seit einem ¾ Jahr hat er auch häufiger ins Bett eingenässt. Manchmal ist das offenbar morgens kurz vor dem Aufwachen, manchmal ist es auch schon tief eingesickert.<

>In der Schule gab es Probleme vom Verhalten her. Miklas blockierte sich in der Schule. Das ist nachvollziehbar: Seine Lehrerin war sehr auf Ordnung bedacht und auf Höflichkeit und sehr verkniffen. Wenn man bei Miklas zu viel Druck macht, verweigert er sich oder er vergreift sich in Worten. Er ging morgens in die Schule und betrat sie mit gespreizten Nackenhaaren.<

>Wir haben dann einen Kinderpsychologen aufgesucht, ein-, zweimal die Woche. Wir würden zu viel Druck ausüben. Wir sollten ihm das Gefühl vermitteln: 'So wie du bist, bist du okay.'<

>Miklas' Appetit ist zum Teil heftig. Miklas isst alles ...< Miklas: >Außer Pilze!< Die Mutter: >Die pult er sich raus. Wir waren auch schon bei einer Homöopathin, die hat *Agaricus* gegeben, da wurde Miklas sehr unruhig; nach zwei Wochen ging der Pegel erst wieder runter. Auf Dauer half es nicht.<

Lieblingsspeisen? Miklas: >Lasagne, Tomatenketschup, McDonalds 'Happy meal'.< Die Mutter: >Zeitweise hat er kiloweise Bananen gefuttert: alles, was sich schnell essen lässt, zum Beispiel auch Kartoffelpüree oder Müsli mit Jogurt gemantscht.<

Schlecht verträglich? >Manchmal kriegt Miklas Lippenbläschen, zum Teil nach Orangensaft.<

>Miklas hat eine Zeit lang sehr überstreckt geschlafen, das war eine dauerhafte Stellung; auch jetzt zeitweilig.<

Träume? Miklas: >Dass ein Monster in unserer Wohnung ist. Es war in der Wohnung und hatte ein Messer dabei und wollte mir den Bauch durchschneiden.<

Die Mutter: >Er träumt auch schon mal von Einbrechern. Wenn ich ins Zimmer schaue, schreckt er manchmal hoch. Er ist auch empfindlich auf Meldungen aus den Nachrichten. Als in Süddeutschland ein Kind in der

Toilette getötet wurde, traute er sich nicht mehr auf die Toilette. Das wurde für ihn Realität.<

Sonst Ängste? >Relativ wenige ... es ist bei ihm eine Art kindliches Urvertrauen da, irgendwo ist er sehr naiv.<

Tierängste? Miklas: >Lamas hasse ich, die spucken. Früher habe ich Zebras gemocht.<

Möchtest du ein Tier sein? >Ein Esel ... weil die so cool sprechen. Ein Zebra ist besser!<

Freizeit? >Miklas klettert Bäume rauf und runter, Fahrrad, Klettern, auf der Straße Cityroller ... .<

Rollenspiele? >Mit fiktiven Puppen spielt er Vater - Mutter - Kind. Und Terrorist - Banküberfall. Er hat eine Kiste mit Autos - da werden immer fünf bis zehn Autos über den Teppich geschoben.<

Schlechte Phasen? >Freitagnachmittags. Da geht die Leistungskurve runter und er will nicht mehr. Einmal in der Woche geht er schwimmen - das ist für die Muskulatur wichtig.<

Verhältnis zu Wasser? >Er geht unheimlich gern ins Wasser. Tauchen, reingehen, rumplantschen. Früher ist er einfach ins Wasser gesprungen, obwohl er nicht schwimmen konnte. Beim Mittelmeerurlaub: Er legt sich nass in den Sandstrand wie ein Tier und rubbelt sich an den Sandkörnern.<

Berufswunsch? Miklas: >Fußballspieler bei Borussia Dortmund.<

Zauberwunsch? >Eine Fliege, die nicht fliegen kann, weil die mich stören!<

Die Mutter: >Er kriegt auch dicke Quaddeln von Moskitos. Miklas verschwindet, wenn ihn ganz normale Stubenfliegen nerven, weil die durch die Gegend sausen.<

Noch Zauberwünsche? Miklas: >Immer im Europapark sein ... .<

Die Schwangerschaft? >Ich hatte eine Chlamydieninfektion, die mit Antibiotika behandelt wurde. Sonst war alles ganz unauffällig, es gab keine besonderen Vorkommnisse. Die Geburt ging sehr schnell und unproblematisch.<

Symptome? >Ein bisschen Übelkeit - danach ging es gut. Ich hatte ziemlich viele Wassereinlagerungen.<

Übelkeit wodurch? >Ich mochte keine Abgase ....<

Essgelüste? >Auf eingelegte Kirschen aus dem Glas ....<

Konflikte? >Ich hatte öfter mal das Gefühl, dass ich die Einzige bin, die sich abschuftet. Ich habe mich auch ein bisschen allein gefühlt, mir fehlten die Kontakte.<

Mittelfindung:

Zunächst gab es bei Miklas zwar einige auffällige Symptome, aber keines, das sonderlich augenfällig aus dem Rahmen eines entwicklungsverzögerten Kindes gefallen wäre.

Wie so oft half eine auffällige Affinität des Patienten weiter: Zauberwunsch: >Eine Fliege, die nicht fliegen kann, weil die mich stören!< ... >Er kriegt auch dicke Quaddeln von Moskitos. Miklas verschwindet, wenn ihn ganz normale Stubenfliegen nerven, weil die durch die Gegend sausen.<

Musca domestica! Damit war vom Patienten eine Substanz genannt, deren Arzneimittelbild thematisch zu Vielem aus Miklas' Anamnese passte:

<u>Unruhe</u>: >Er war unheimlich unruhig und kribbelig< ... Unruhe genauer: >Besonders die Hände, der Oberkörper. Unten wippt er auch mit.< Die Unruhe der Extremitäten haben auch andere Gliederfüßler (Insekten/Spinnen), ich hatte sie auch schon in eigenen *Musca*-Fällen beobachtet - und sie passt gut zur Fliege selbst:

- Ruhelosigkeit
- Extr., Ruhelosigkeit, Hände

Konzentrationsschwäche: >Er kann nicht gut konzentriert umsetzen, was im Kopf ist ... der Zivi hat im Unterricht die Aufgabe, ihn an die Arbeit zurückzuholen< ... >Die Konzentration ist in Bezug auf langweilige Sachen wie Hausaufgaben nicht so toll.< 'Konzentrationsschwäche' war ein Hauptmerkmal vorangegangener *Musca*-Fälle.

- Konzentration, schwierig
- Gedanken, wandernd, umherschweifend

Schmutz und Exkremente: >Seit einem ¼ Jahr hat er auch häufiger ins Bett eingenässt. Manchmal ist das offenbar morgens kurz vor dem Aufwachen, manchmal ist es auch schon tief eingesickert< ... >Beim Mittelmeerurlaub: Er legt sich nass in den Sandstrand wie ein Tier und rubbelt sich an den Sandkörnern.< Diese Thematik war sowohl in der Prüfung als auch in Bernd Schusters *Musca*-Fällen dominant.

- Blase, Urinieren, unwillkürlich
- Schmutzig
- Träume, Schmutzig, Toiletten
- Träume, Exkremente, Toiletten

Schlechte Schrift: Prüferin #C meiner AMP hatte notiert: „Ich hatte morgens alle Notizen übereinander gekritzelt. Die Schrift ging ineinander oder berührte sich. Ich musste sie morgens entziffern und ins Reine auf neue Zettel schreiben."

'Insekt' stammt von dem Lateinischen 'secare' schneiden, Insekte haben einen doppelt eingeschnittenen Körper. Das Thema von 'Durchtrennung' kannte ich aus einigen anderen Insektenfällen. Miklas träumt: >Ein Monster ... war in der Wohnung und hatte ein Messer dabei und wollte mir den Bauch durchschneiden.<

>Zeitweise hat er kiloweise Bananen gefuttert: alles, was sich schnell essen lässt, zum Beispiel auch Kartoffelpüree oder Müsli mit Jogurt gemantscht<
- Fliegen können keine feste Nahrung zu sich nehmen, sondern saugen mit ihrem Rüssel Flüssiges und mit ihrem darüber erbrochenen Speichel Verflüssigtes. Thorsten (Fall #2) und Mauritio (Fall #3) mochten ebenfalls gern Bananen.

>Manchmal kriegt Miklas Lippenbläschen< - den Bezug zu herpetischen Lippenausschlägen betonte die New Yorker *Musca domestica*-Prüfung, die ich inzwischen kannte.

Differentialdiagnosen:

>Miklas isst alles ...< ... >... außer Pilze!< ... >... die pult er sich raus. Wir waren auch schon bei einer Homöopathin, die hat *Agaricus* gegeben, da wurde Miklas sehr unruhig; nach zwei Wochen ging der Pegel erst wieder runter. Auf Dauer half es nicht.< *Agaricus muscarius* war eine sehr gute Verschreibung - und hat Bezug zur Fliege! Hätte die Vorbehandlerin das Mittel nicht gegeben, wäre es wohl meine erste Wahl gewesen.

Ansonsten: Ein sehr kindischer 12-Jähriger, der bei sehr schlaffem Muskeltonus mit überstrecktem Kopf schläft: *Cicuta virosa* war auch keine schlechte Idee.

Therapie: *Musca domestica C30/C200 (Remedia)*.

Verlauf (Praxissitzung nach sechs Wochen):

>Ich habe den Eindruck, dass das Mittel grundsätzlich wirkt. Das Einnässen hatte sich lange Zeit gut gebessert. Aber es wirkte nur begrenzt ... es wurde wieder schlechter, als in der Schule neuer Druck kam ... .<

Muskeltonus? >Ich hatte den Eindruck, dass die Muskelspannung größer ist. Auch da, seit dem Druck ist es wieder so, dass Miklas wieder lascher ist. Das ist aber stark psychologisch abhängig.<

>Miklas wächst auch wieder. Wenn er einen Wachstumsschub macht, funktioniert sein Gehirn nicht so und auch körperlich spürt man das genau. Er stolpert dann durch die Wohnung.<

>Außerhalb dessen hatte Miklas an den Füßen kleine Warzen, die sind zurückgegangen.<

>Direkt nach der Einnahme war er aufgedrehter; diese innere Unruhe, die sich zeigt, er war kribbelig, er konnte bei nichts verweilen, er fasste alles an und schmiss es wieder weg.<

>Am Anfang hat er auch kalorienmäßig wieder zugeschlagen, hauptsächlich Bananen und Kekse. Seine Konzentration war in der Anfangsphase beeinträchtigt - im Moment geht es recht gut.<

Was war das für ein Druck? >Er behauptete, jemand hätte ihn geschlagen. Er schlug dann jemand anderes und fing an zu provozieren und hat sich in die Situation richtiggehend reingerannt. Direkt danach haben wir noch einmal seinen Verhaltenskodex festgelegt: Seitdem ist Ruhe eingekehrt; seitdem ist ihm klar, wo die Grenzen liegen. Seitdem ist Ruhe eingetreten und die Konzentration ist relativ gut.<

Schlaf? >Es gab eine Phase, da war er schnell auf, wenn die Stufen knarrten. Im Moment ist sein Stichwort 'Mister X': etwas Dunkles mit Schatten verbunden. Er liest auch etwas von einer 'Schwarzen Hand'. Da entwickelt er im Moment mehr Fantasie.<

Probleme? >Miklas ist es deutlich klarer geworden, dass es in der Schule Probleme gibt. Da realisiert er, dass es doch Unterschiede gibt. Zum Teil wird das verdrängt, zum Teil entstehen Aggressionen, dass er pampig wird. Ab und zu läuft er rum und versucht, die Aggression körperlich loszuwerden. Er ist nicht mehr so sehr in der Opferrolle.<

Soziale Kontakte? >Zwei Jungen kommen nachmittags zum Spielen. Miklas vertritt ab und zu mal etwas mehr seinen Standpunkt und versucht sich durchzusetzen. Er genießt die Kontakte jetzt mehr.<

Kommentar:

Eine schöne Beschreibung von *Musca domestica*: >Direkt nach der Einnahme war er aufgedrehter; diese innere Unruhe, die sich zeigt, er war kribbelig, er konnte bei nichts verweilen, er fasste alles an und schmiss es wieder weg.<

Die Wirkung der Arznei verpuffte relativ schnell: Das kann an mangelhafter Similequalität liegen, aber auch an vielen anderen Faktoren. Die Zukunft würde zeigen, ob *Musca* an Wirksamkeit gewinnen oder verlieren würde.

Therapie: *Musca domestica M (Remedia)*.

Weiterer Verlauf (Praxissitzung knapp vier Monate nach Behandlungsbeginn):

>Diesmal hielt es länger. Ich hatte aber den Eindruck, vor 1½ Wochen ist Miklas wieder kribbeliger/unruhiger geworden. Ich dachte: 'Die Wirkung lässt nach'.<

>Ein, zwei Tage nach der Einnahme ging es los mit Riesenhunger, Müsli rauf und runter. Das ging relativ schnell wieder auf normales Niveau. Danach hat er regelmäßig kleine Portionen gegessen, langsamer gegessen, mit mehr Ruhe gegessen.<

>Die Rückmeldungen aus der Schule waren sehr positiv in Bezug auf sein Arbeitsverhalten; es wäre mehr Ruhe da.<

Muskeltonus? >Der war besser, das machte sich zum Beispiel an Miklas' Handschrift bemerkbar. Seit 1½ Wochen ist die Schrift wieder zittriger und anstrengend. Es hat sich auf alle Lebensbereiche ausgewirkt: Sechs Wochen lang war Miklas' Bett trocken - das war ganz schön lang.<

Grund für das Nachlassen der Wirkung? >Er ist wieder gewachsen in den letzten zwei Wochen. Die Schulter und der Oberarm taten weh.<

Überstrecker Schlaf? >In letzter Zeit nicht. Ab und zu verhandelt er an den Wochenenden und will länger aufbleiben. Es kommen so pubertäre Tendenzen, zum Teil ist er dann keinen Argumenten zugänglich. Das wechselt dann zu ganz Kleinkindhaftem: Er weint und legt den Kopf auf meine Arme.<

Aggressionen? >Wenig.<

Sorgen? Die Mutter berichtet von einigen Entscheidungen, die zu treffen sind bezüglich Miklas' weiterer schulischer Laufbahn.

Therapie: Musca domestica M (Remedia).

Weiterer Verlauf:

Miklas läuft nun seit einem knappen Jahr unter *Musca domestica*. Die positive Wirkung hält an und war auch bei einer Akuterkrankung reproduzierbar. Er erhielt noch zwei Dosen *Musca M.*

Rubriken für geheilte Symptome aus Fall #5:

- Entwicklungsstillstand bei Kindern
- Allg., Entwicklungsstillstand
- Konzentration, schwierig
- Schreiben, unleserlich, schreibt
- Sprechen, langsam, lernt
- Mund, Sprache, undeutlich
- Allg., Erschlaffung, Muskeln, von
- Gedanken, wandernd, umherschweifend
- Extr., Ungeschicklichkeit
- Extr., Ruhelosigkeit, Hände
- Gesten, Gebärden, macht, fasst alles an[NR]
- Klettern, Verlangen zu
- Schmutzig
- Blase, Urinieren, unwillkürlich

Fall #6: Rheumatische Beschwerden

Dies war mein erster *Musca*-Erwachsenenfall. Bevor ich die heilende Arznei erkannte, tappte ich zwei Arzneien lang im Dunkeln oder zumindest im Zwielicht. *Musca domestica* zeigte dann endlich gute Wirkung auf allen Ebenen.

Eine 64-jährige Frau, klein, Körperform wie ein breites Rechteck; sehr fettige (Gel?), strähnige, auf den Kopf geklatschte, gescheitelte Haare.

>Es ist meine Wirbelsäule ... ich werde so müde beim Laufen. Der Arzt sagte, Fango und Massagen wären nichts, da würde nur noch 3D-Massage helfen, die Wirbelsäule sei verschoben. Er hat mir auch etwas gespritzt. In der Klinik bekam ich Spritzen.< Auf ihrem Zettel steht '*Vespa crabro D4*' und '*Kalium carbonicum D10*'.

Die Schmerzen? >Bei jedem Auftreten, wenn ich stehe, und besonders wenn ich bei einseitiger Haltung schaffe: Beim Kartoffelschälen, beim Putzen, bei der Hausarbeit.<

>Vor einem Jahr wurde ich am Hüftgelenk operiert, da war Arthrose. Ich bekam ein Gelenk aus Titan und lief 10 Wochen an Krücken. Drei Monate später begannen die Kreuzschmerzen.<

>Ich hatte schon mehr Probleme mit den Beinen. Zweimal wurden Venen aus dem rechten Bein operiert. Im linken Unterschenkel habe ich eine Thrombose - der schwillt immer.<

Beschreibung der Schmerzen? >Morgens bin ich steif im Kreuz. Ich muss erst mein Getriebe in Bewegung bringen. Ich nehme morgens immer einen Stock. Wenn ich zu lange gehe, werde ich müde, schwach. Ich habe keinen Mumm zu laufen. Ich muss stehen bleiben.<

Hüfte? >Da habe ich keine Beschwerden.<

Sie nimmt vier Antihypertonika ein, *L-Thyroxin*® 50, einen Cholesterinsenker, *Riopan*® - und *Lisino*®: >Ich hatte letzte Woche eine Grippe, ich hätte mir die Nase abreißen können.<

Kopf-zu-Fuß-Anamnese:

Kopf? >Kopfweh habe ich ab und zu.<

Augen? >Ich bin am grauen Star operiert und gelasert.<

Ohren? >Ich höre nicht so gut.<

Nase? >Die Nase ist zu, der Schleim geht runter in die Bronchien.<

Herz/Kreislauf? >Ich habe eine 'verdickte Herzwand'. Wenn ich schnell laufe, geht die Luft alle.< Blutdruck? >150/70.<

Atmung? >Vor 20 Jahren hatte ich eine Lungenentzündung.<

Magen? >Keine Beschwerden.< Warum *Riopan*® >Weiß ich nicht.<

Nahrungsverlangen? >Süß natürlich: viel Naschen, Schokolade, Kuchen, Torten, Hefekuchen, Marmelade alle Sorten, lieber als Wurst und Käse.<

Abneigungen? >Tomaten, Tomatensoßen - das kann ich nicht essen. Ich habe vieles noch nie probiert - sie müssen mir auf die Sprünge helfen.<

Unverträglich? >Fette Speisen: Die Galle drückt mich.<

Zyklus früher? >28 Tage und mittelstark. Ich habe vier Kinder. In den Schwangerschaften war der Blutdruck hoch. Ich hatte mit 42 Jahren die Unterleibsoperation, weil ich eine Senkung hatte. Vorher hatte ich einen Ring.<

Bewegungsapparat? >Ich hatte es schon früher einmal mit der Wirbelsäule, zwischen 45 und 50. Mit der Hüfte ... ich bekam zuerst Schmerzen in die Leisten, dann ein viertel Jahr Spritzen, dann wurde ich zur Untersuchung ins Krankenhaus geschickt. Es hieß, die Hüfte sei kaputt.<

Haut? >Ich kriege schnell blaue Flecke. Ich habe Hornhaut an den Füßen - ich gehe alle vier bis fünf Wochen zur Fußpflege und lasse die abmachen. Ich habe einen Senk-Spreizfuß.<

Wärmehaushalt? >Nachts schwitze ich. Ich habe eine Allergie auf Wolldecken und Federn. Ich habe nur Baumwollsachen. Ich habe keine Heizung an in den Schlafräumen.<

Wetter/Klima? >Wenn es schwül ist, werde ich müde und kriege Kopfweh. Bei Sturm werde ich müde und dirmelig [= taumelig]. Bei Vollmond kann ich nicht schlafen.<

Schlaf allgemein? >Nicht sehr gut. Ich trinke abends Nerven- und Schlaftee mit zwei Löffeln Honig. Ich bin allein im Zimmer - mein Mann ist vor 16 Jahren gestorben. Er hat plötzlich einen Herzinfarkt gekriegt - tot war er.<

Träume? >X-beliebig, Belangloses.<

Konkreter? >Dass ich mein Auto nicht mehr finde - dabei habe ich noch nicht einmal einen Führerschein.<

Sonst Träume? >Von der Arbeit aus den letzten paar Tagen.<

Problem derzeit? >Nur der Rücken - ich habe keinen Kummer. Eine Tochter wohnt bei mir im Haus, sie ist 30 Jahre alt, eine Tochter wohnt weiter weg, eine im Nachbarort und mein Sohn auch in einem Nachbarort. Ich finde immer Gesellschaft - da sind immer Leute.<

Der Tod des Mannes? >Das geht unter die Haut. Ich habe mich zusammengerafft, ich habe auch eine Zeit lang Nerventabletten genommen.<

Alleinsein? >Ich suche mir immer Gesellschaft ... wenn mal keine Arbeit da ist.<

Nochmals heiraten? >Was man hat, weiß man. Was man kriegt, weiß man nicht. Wenn man in einem kleinen Ort wie ich wohnt ... .<

Schlechte Zeiten? >Als die Kinder klein waren. Drei Kinder waren 1¼ Jahr auseinander. Mein Mann arbeitete und wir hatten eine Landwirtschaft - man musste fest zupacken.<

Negative Kriegserfahrungen? >Ich bin geboren in dem Ort, wo ich jetzt lebe. Gefürchtet hat man sich, wenn die Flieger kamen.<

Familie? >Ich habe sieben Geschwister. Ein Bruder ist mit 47 Jahren an Herzinfarkt gestorben.<

Ängste? >Wenn die Flieger fliegen.< [Sie lebt in der Nähe eines Militärflughafens.]

Sonst Ängste? >Ich habe keine Ängste. Neulich lief der Schäferhund des Nachbarn weg - ich habe ihn geholt und angebunden. Ich kann Mäuse tottreten und Ratten tottreten. Wir hatten selbst lange einen Hund - einen Rehpinscher.<

Interessen? >Gartenarbeit - aber nicht umgraben. Das gefällt mir gut, schöne Pflanzen, eine neben der anderen. Ich habe schon zweimal Schlüsselblumen gerettet.<

Hobbys? >Ich habe keine Hobbys. Ich schaffe im Garten, im Winter stricke ich. Oder ich fahre mit dem Fahrrad durchs Tal. Ich gehe zur Nachbarschaft 'maien' [= Besuche abstatten]. Ich bin kein Mensch, der sich daheim einigelt.<

Selbstbeschreibung? >Durchsetzungsvermögen habe ich. Was ich im Kopf habe, wird durchgesetzt. Ich gieße die Blumen viel - ich würde sie kaputt machen mit lauter Gießen. Ich versuche, die Schnecken mit Schneckenkorn kaputt zu machen - wir haben nämlich einen Bach am Garten, da lege ich es in die Hecken rein.<

Pläne/Träume? >Nein, ich bin zufrieden so. Voriges Jahr war ich an der Nordsee - das ist nicht zu weit. Vor dreißig Jahren war ich einmal in Paris. Wenn's langweilig wird, fahre ich einen Tag weg.<

Drei Wünsche? >Das Kreuzweh soll besser werden. Einigermaßen gesund zu bleiben und dass es den Kindern gut geht.<

Aggressionen? >Oooch ... da kann ich eher ruhig sein. Ich bin an und für sich friedlich. In der Ehe gab`s ab und zu mal Krach.<

Schlechte Eigenschaften? >Ich bin ungeduldig! Ich hätte die beste Zeit - aber ich habe keine Geduld.<

Schlusswort? >Es ist jetzt Anfang April, aber ich habe den Rasen schon gemäht ... .<

Mittelsuche I:

Dies war ein Fall mit sehr wenig Informationen, eine gute Arzneiwahl musste entsprechend zwangsläufig auf wackligem Fundament stehen.

Einen Symptomenschwerpunkt gab es deutlich: Variköse Venen - Thrombose - >schnell blaue Flecke<: Dazu passen mehrere Arzneifamilien, z.B. Schlangengifte, Korbblüter usw.

Die *Kombination* der Symptome war es, die mich zu *Bellis perennis* lenkte:

Erstgenanntes Interesse: >Gartenarbeit< und die Freude am Gärtnern. Der Homöopath *Burnett* bezeichnet *Bellis perennis* als „hervorragendes Mittel, besonders für alte Arbeiter, besonders Gärtner."

Eine besondere Feindschaft zu Schnecken hatte ich in zwei meiner bisherigen *Bellis*-Fälle beobachtet. Die Patientin erwähnte spontan, ohne durch eine Frage in die entsprechende Richtung gelenkt: >Ich versuche, die Schnecken mit Schneckenkorn kaputt zu machen - wir haben nämlich einen Bach am Garten, da lege ich es in die Hecken rein.<

>Morgens bin ich steif im Kreuz. Ich muss erst mein Getriebe in Bewegung bringen.< 'Fortgesetzte Bewegung bessert' - das hat auch *Bellis perennis*!

Bei Hysterektomierten wirkt erfahrungsgemäß *Bellis perennis* besonders gut: >Ich hatte mit 42 Jahren die Unterleibsoperation ... .<

Also keine berauschende, aber relativ solide Arzneiwahl.

Therapie: *Bellis perennis LM12*, jeden zweiten Tag drei Tropfen.

Verlauf (Praxissitzung nach fünf Wochen):

>Das Kreuzweh ist besser, die Schmerzen sind besser, noch 25%.<

>Meinen Beinen geht es auch besser: Sie werden nicht mehr so dick. Ich lasse die Stützstrümpfe bis mittags an - die Beine sind nicht mehr so dick, wie sie waren, um die Hälfte besser.<

>Das Schwitzen nachts hat aufgehört. Ich habe die ganze Zeit gut geschlafen außer in den letzten drei Tagen.<

>Blaue Flecken habe ich nicht mehr so viel, höchstens vom Gartenarbeiten.<

Der Rasen? >Rasenmähen ist im Moment nicht erlaubt wegen dem Ozon. Die Gänseblümchen sind so viele, so schön. Die mäht man, zwei Tage später strecken die schon wieder die Köpfe.< [Die Patientin kennt weder ihr Mittel, noch hat sie 'Der Neue Clarke' oder 'Materia medica viva' gelesen!]

Die Schnecken? >Wenn abends die Sonne untergeht ... wenn sie rauskommen, unten vom Bach durch den Zaun ... da habe ich Schneckenkorn hingelegt.<

>Im Allgemeinen geht es mir besser.<

Negatives? >Lange sitzen. Ich muss erst das Getriebe in Gang bringen, ha, ha, ha. In die Beine kriege ich manchmal Krämpfe.<

Weiterer Verlauf:

Wir blieben insgesamt 5½ Monate bei *Bellis perennis* (später auch als Einzeldosis $C30$, $C200$, M und XM). Es wirkte bei den Rückenschmerzen jedesmal kurzfristiger. Die Nachtschweiße blieben ganz verschwunden.

Die Beinödeme blieben konstant um 50% besser, die Neigung zu blauen Flecken blieb deutlich verringert: >An dem einen Bein hatte ich es schon 30 Jahre, an dem anderen 15. Wenn ich den ganzen Tag in Bewegung bin, habe ich kaum noch Beschwerden.<

Zwischendurch rief die Patientin *sehr* oft an, meist wegen Nichtigkeiten, oder weil ihr jemand irgendein Medikament empfohlen hatte, ob sie das nehmen dürfe. Die wiederholte Aussage, dass sie ihr homöopathisches Mittel nehmen sollte, befolgte sie zwar, aber inhaltlich kam nichts bei ihr an und drei Tage später rief sie schon wieder mit einer neuen Anfrage an, z.B. ob sie sich nicht noch einmal röntgen lassen solle, oder warum ihr Cholesterin so hoch sei, etc.

Folgendes waren die zusätzlichen Informationen der kommenden Sitzungen:

>Ich habe ein Malheur in den Halswirbeln, alles ist taub von der Schulter bis zum Ohr rauf.<

>Das Hüftgelenk tut nur weh, wenn ich lange hocke und stehe dann auf. Eine Minute laufen - schon ist es gut.<

>Ich habe es wieder in den Nebenhöhlen, wie ich es hatte, bevor ich zu Ihnen gekommen bin. Ich habe damals zwei Sorten Antibiotika gekriegt, der HNO-Arzt sagte, das wäre 'chronisch'. Da schaltet es ab im Kopf - die grauen Zellen.<

>Das Anlaufen ... anfangs sind die Beine so müde, aber wenn ich mich aufrappele, geht es. Ich habe einen 50%-Behindertenschein. Ich bezahle 120 Mark im Jahr für Bus und Bahn.<

>Ich schlafe nicht so gut. Ich purzele im Bett herum, obwohl ich nicht vor ☉, ½☉ schlafen gehe. Morgens würde ich einschlafen - da stehe ich gerade auf.<

>Ich schaffe fast den ganzen Tag im Garten. Die Leute sagen: 'Ach Gott, dass du das machst!' Ich bin auf den Knien, ich rupfe Unkraut ... . Ich kann mich nicht den ganzen Tag im Haus aufhalten - das ist bös´ im Winter!<

>Mein Sohn hat ein behindertes Kind - das hört nicht von Geburt an. Wenn ich ihn bei mir habe, bringt er mich aus dem Gleichgewicht. Der ist so unruhig. Da muss man ständig rufen und hinterher sein, er kann nicht hören.<

Mittelsuche II:

>Morgens bin ich steif im Kreuz. Ich muss erst mein Getriebe in Bewegung bringen.< Auch in der Zweitsitzung: >Ich muss erst das Getriebe in Gang bringen, ha, ha.<

Diese etwas technische Sprache passt sehr gut zu *Rhus toxicodendron*, bei dem es im Zentrum darum geht, das alles rund läuft. 'Παντα ρει' = 'alles fließt.' Das griechische 'ρειν' = 'fließen' hat angeblich das Wort 'Rhus' geprägt. 'Rheumatismus' hat diese griechische Wortwurzel und ist - wen wundert's nun noch? - wichtigster Andockpunkt von *Rhus tox*.

'Fortgesetzte Bewegung bessert': >Das Hüftgelenk tut nur weh, wenn ich lange hocke und stehe dann auf. Eine Minute Laufen - schon ist es gut< ... >Das Anlaufen ... anfangs sind die Beine so müde, aber wenn ich mich aufrappele, geht es.<

Das Bewegungsmoment wird noch aufgewertet durch ein typisches Traummotiv: >Dass ich mein Auto nicht mehr finde - dabei habe ich noch nicht einmal einen Führerschein.<

>Wenn ich zu lange gehe ... müde, schwach ... muss stehen bleiben<: 'Anstrengung verschlechtert'.

Rhus ist wie die Patientin sehr geschäftig und betriebsam und ungeduldig und träumt >von der Arbeit< - bei nächtlicher Ruhelosigkeit.

'Taubheit im HWS-Bereich' - bewährte *Rhus*-Indikation.

Therapie: *Rhus toxicodendron LM12* bei Bedarf.

Verlauf (Zusammenfassung):

Bei *Rhus-t.* blieben wir 3½ Monate, es wirkte gut auf die 'rheumatischen' Beschwerden, besserte die Schmerzen immer wieder bei Einnahmen nach Bedarf - mit Rückfällen. Die morgendliche Steifigkeit im Kreuz jedoch sprach dauerhaft sehr positiv an und verschwand weitestgehend. Die bereits mit *Bellis* erreichten Fortschritte vor allem in Bezug auf das venöse System der Beine und auf die Nachtschweiße blieben erhalten. Die Patientin rief weiter *sehr* oft an.

Neue Informationen aus zwei Praxissitzungen:

>Ich liebe den Sommer, da kann ich mich den ganzen Tag bewegen. Das Wetter jetzt [November] ist kein Wetter für mich.<

>Ich habe 3 Kilo abgenommen; ich esse nicht viel Butter, ich esse nicht viel Wurst und nur Handkäse. Aber Marmelade muss ich haben! Knoblauch habe ich weggelassen - die Töchter haben gesagt, ich würde stinken.<

>Zu lange hocken - das ist nichts für mich. Ich gehe auch immer wieder ins Bewegungsbad - der Orthopäde hat es mir verschrieben.<

Zweite Sitzung:

>Ich war die letzten zwei Monate seit November depressiv ... im Kopf. Alles ging so an mich. Ich habe herumgegrübelt. Ich habe kein Lust zu etwas. Ich schlief nicht gut - ich lag stundenlang im Bett und grübelte.<

>Ich mache mir über alles Gedanken. Mein Sohn hatte einen leichten Schlaganfall. Sein Blutdruck ist hoch, er raucht Zigaretten, er ist *auch* so dick und muss 20 Kilo abnehmen - das setzt mir zu. Sein behindertes Kind - es hört nicht.<

>Am schlimmsten ist es nachts, wenn man nicht schlafen kann. Ich finde alles so schwer. Ich denke über Sachen von tagsüber nach, nur Dreck, unnötiges Zeug, man hört nicht auf mit den Gedanken.<

Dreck? >Ich mache im Haushalt gern sauber.<

>Ich bin noch hektischer geworden. Immer muss alles schnell, schnell gehen. Ich habe keine Geduld. Das ist kein Wetter zum Laufen ... da sitzt man. Ich stricke viel im Moment. Das Bewegungsbad hat schon 14 Tage zu. Ich gehe zur Nachbarin. Ich fahre in die Stadt. Ich habe keine Lust, zu Hause zu sein. Abends stricke ich und gucke die 'Lindenstraße'.<

Beurteilung:

Rhus tox. hat körperlich gut gewirkt, doch die Psyche der Patientin ist deutlich schlechter. Eine recht eindeutige Symptomenunterdrückung, das funktioniert auch mit Homöopathie mit der falschen Einzelarznei.

Mittelfindung:

Das Geschäftige, Umtriebige der Patientin, ihr Bewegungsdrang mit Besserung durch Bewegung, das Herumpurzeln im Bett - das braucht nicht mehr detailliert aufgeführt zu werden.

>Ich bin noch hektischer geworden ... alles schnell, schnell ... keine Geduld< - die Geschäftigkeit der Patientin hat etwas sehr Nervöses bekommen. Schon früher war das so: >Ich bin ungeduldig! Ich hätte die beste Zeit - aber ich habe keine Geduld< ... >... ich habe auch eine Zeit lang Nerventabletten genommen.<

Sie wird leicht 'nervös angesteckt': >Mein Sohn hat ein behindertes Kind ... wenn ich ihn bei mir habe, bringt er mich aus dem Gleichgewicht. Der ist so unruhig. Da muss man ständig rufen und hinterher sein, er kann nicht hören.<

„Zwischendurch rief sie *sehr* oft an" steht oben - auch mein eigenes Nervenkostüm der Patientin gegenüber war durch die häufigen Anrufe nicht mehr unversehrt.

Als bei der Patientin das Stichwort 'Dreck' fiel, fiel bei mir der homöopathische Groschen. 'Schmutzig' hatte ich als Thema aus der *Musca-domestica*-Prüfung herausgearbeitet. Die Patientin kompensiert das Problem wie für sie typisch mit fleißiger Arbeitsamkeit: >Ich mache im Haushalt gern sauber.<

Hier zuerst Zitate zum Thema 'Unruhe' aus der AMP, dann zum Thema 'Dreck':

a) 'Unruhe'
- „*Insgesamt unruhiger, ich kann nicht lange auf einer Stelle sitzen; innerlich unruhig, muss mich bewegen, was tun - weiß nicht was ... während der gesamten Prüfungszeit getriebenes Gefühl, innere Unruhe. Ich musste mich bewegen - ungewöhnlich*" ... #A
- ⁓ „*Es herrschte eine große Aufregung - ich wusste nicht warum. Es herrschte ein Chaos - alle bewegten sich im Raum herum. Eine Großtante von mir hatte ein ganz schwaches Nervengerüst und brach fast zusammen. Sie regte sich über irgendetwas total auf und meinte, es wäre etwas ganz Schlimmes passiert. Sie war total neben der Spur*" ... #D
- ⁓ „*Ich schwirrte im Haus rum ... ich machte alle Leute verrückt*" ... #D
- „*Ich habe 1000 Sachen geträumt - unheimlich viel - und total unruhig geschlafen*" ... #K
- „*Ich schlief die ganze Nacht nicht gut, war unruhig und oft wach*" ... #L
- ⁓ „*Ich rannte... völlig verzweifelt ... dann lief ich in der Stadt umher ... vorhin sei ein Mann mit so einem Auto wie verrückt mit quietschenden Reifen weggefahren*" ... #L
- „*Absolute Entspannung ... sanft und angenehm ... wundere mich über die Ruhe und Harmonie, weil ich im Moment eine stressige, turbulente Zeit habe und normalerweise Mühe habe, so schnell abzuschalten ... es geht mir sehr gut - absolute Stille - Trance*" ... #R
- „*Am ersten Tag war ich ziemlich genervt und hatte keine Geduld*" ... #T
- „*Es entstand in meinen Gedanken ein Hin und Her*" ... #U

Unruhe der Extremitäten: >Ich stricke viel im Moment ... abends stricke ich ... .< Das scheinen neben Spinnen auch Insekten zu haben. Das 'Fleiß'-Element in Kombination mit Unruhe ist von *Apis* oder *Bombus* wohl bekannt.

b) 'Dreck'
- ⁓ „*Unser Haus ... war sehr dreckig außen ... das Schmutzige waren grüne Flecken, eher wie Schimmelflecken*" ... #C
- ⁓ „*... ein dunkler, schlecht beleuchteter, miefiger Raum, der nie gelüftet wird ... es ist alles braun und alt, alles zusammengewürfelt, gehäkelte Kissen und viele alte Bücher mit Goldschnitt, ein alter Globus, ein uraltes Klavier, das total verstimmt ist - in dem Raum wurde seit 50 Jahren nichts verändert*" ... #D

- ✢ „*Alles war ziemlich dunkel und düster; es gab keinen, der irgendwie fröhlich war. Alles war negativ. Es gab keine Häuser mehr, nur Ruinen*" ... #F
- ✢ „*Die Zimmer so alt - es gefiel uns überhaupt nicht*" ... #J
- ✢ „*... Treibgut und Unrat*" ... #O
- ✢ „*... tiefer liegende Gemächer ... leider gab es nur Spinnweben und verrottete Pappe, die von Decke und Wänden hingen*" ... #P
- „*... habe jetzt endlich mit dem Aufräumen angefangen*" ... #P

[Die Thematik von 'Schmutz und Unrat' einerseits und 'Hausputz' auf der entgegengesetzten Seite finden sich in der amerikanischen Prüfung noch wesentlich deutlicher - das konnte ich damals allerdings nicht wissen.]

Ich schaute weiter in die alten Aufzeichnungen:

Als ich die Patientin in der Erstanamnese - wie alle vor '39 geborenen Patienten - nach Kriegserfahrungen befragt hatte, hatte sie geantwortet: >Gefürchtet hat man sich, wenn die Flieger kamen<, um kurz anschließend spontan als erste Angst zu nennen: >Wenn die Flieger fliegen.< Flieger - Flieger - fliegen: deutlich hörbar.

Zu Hause in der Wohnung bleiben kann die Patientin nicht gut (und mag daher die kalte Jahreszeit nicht). Entweder flüchtet sie sich in Arbeit oder sie pflegt Kontakte. >Ich habe keine Lust, zu Hause zu sein< ... >Ich kann mich nicht den ganzen Tag im Haus aufhalten - das ist bös´ im Winter!< ... >... im Winter stricke ich. Oder ich fahre mit dem Fahrrad durchs Tal< ... >Ich liebe den Sommer, da kann ich mich den ganzen Tag bewegen. Das Wetter jetzt [November] ist kein Wetter für mich< ... >Ich finde immer Gesellschaft - da sind immer Leute< ... >Ich suche mir immer Gesellschaft ... wenn mal keine Arbeit da ist< ... >Ich gehe zur Nachbarschaft 'maien'. Ich bin kein Mensch, der sich daheim einigelt.< 'Menschenansammlungen' passen natürlich gut zur Signatur der Fliege, aber auch zu den Ergebnissen der Arzneimittelprüfung:

- ↱ „... *war auf einer Beerdigung - auf dem Leichenschmaus. Für uns war im großen Saal kein Platz mehr. Wir mussten auf einer Treppe hinter einer Bretterverkleidung auf einem Podest sitzen*" ... #C
- ↱ „*Ich träumte von meiner Großfamilie - also von meiner Familie im weitesten Kreis. Leute, die ich alle 10 Jahre mal sehe, es war wie eine Familienfeier. Alle waren zusammen in einem ganz kleinen Raum. Wahrscheinlich ein Raum im Haus meiner Uroma, ein ganz winziger Raum; vielleicht 25 - 30 Leute*" ... #D
- ↱ „*Überall saßen Leute, die nicht wussten, was sie machen sollten*" ... #F
- ↱ „*Wir waren sehr viele Leute in einem ganz engen Raum (Appartement, Zelt oder Wohnwagen). Die beengte Situation hat mich sehr genervt*" ... #T

Wie's sich für eine Fliege gehört, nennt die Patientin folgendes Haupt-Nahrungsverlangen: >Süß natürlich: viel Naschen, Schokolade, Kuchen, Torten, Hefekuchen, Marmelade alle Sorten.< Marmelade hat es ihr besonders angetan, >Marmelade muss ich haben!< (DD: *Vesp-v.*). In der AMP träumten die Prüfer viel von anderen Fruchtzubereitungen:

- ↱ „*Sie gibt uns dann das, was wir suchen. Es ist eine große Frucht mit riesigen Kernen drin. Das sehe ich, weil schon ein Stück aus der Frucht herausgebrochen ist. Ich habe eher das Gefühl, dass es eine Knolle einer Pflanze ist, allerdings so groß wie eine Ananas*" ... #M
- ↱ „*Eine Birne. Sie ist vom Stiel her halb aufgegessen. Sie ist matschig, hat aber kein Birnengehäuse, sondern Feigenkerne in der Mitte*" ... #O
- ↱ „*Öl ist mit Sand gemischt. Dazu wird Wasser geschüttet. Es entsteht ein Klumpen. Dieses Bild hat die Bedeutung Essen*" ... #O
- ↱ „*Ich legte mehrere Bisquit-Kuchenböden übereinander und durchtränkte sie mit einer roten, halb flüssigen Masse, die aussah wie zermatschte Erdbeeren, aber es musste eine andere Frucht sein*" ... #P

Meine Notiz, als ich die Patientin zum ersten Mal sah, war: „*Klein, Körperform wie ein breites Rechteck; sehr fettige (Gel?), strähnige, auf den Kopf geklatschte, gescheitelte Haare.*" Auch hierzu gab es frappierende Entsprechungen in der Arzneimittelprüfung:

- ↻ *„Ein kleines Männchen (1,20 m) lief dabei herum - kurz und dick. Nicht übermäßig dick, nur gut gesetzt und ein dicker Kopf, rundes rotbackiges Gesicht. Er hatte die dunklen, kurzen Haare glatt gekämmt und einen Mittelscheitel. Er lief die ganze Zeit herum und redete nichts. Seltsam"* ... #C
- ↻ *„Ich sah ein Männchen und sagte: 'Da ist es ja wieder.' Das Männchen war sehr klein, vielleicht 10 cm groß, sandfarben und sah lustig aus und sprang hin und her"* ... #L

Therapie: Musca domestica C30/C200 *(Remedia).*

Verlauf (Anruf eine Woche später):

>Was war das für ein Mittel? Mein Bein ist wie ein Eisklotz. Es kribbelt in den Füßen wie Ameisen. Wie ein Eisklotz, wie innere Krampfadern.<

Kommentar:

Prüfungssymptome sind:

- Extr., Ameisenlaufen, Füße
- Extr., Kribbeln, Füße
- Extr., Kälte, Beine, eiskalt

In der letzten Rubrik steht schon *Apis*.

Therapie: Musca domestica XM *(Remedia).*

Weiterer Verlauf (Anruf zwei Tage nach der *XM*):

>Das Kalte an den Füßen ist weg, nur das Kribbeln noch nicht ganz.<

Therapie: Abwarten.

Weiterer Verlauf (Praxissitzung zwei Monate nach *Musca*):

>Mit den Knochen ist es viel besser, ich kann gut laufen. Das Kreuzweh geht; in der Hüfte habe ich keine Beschwerden mehr.<

>Mein Beine sind dünner, die Gummistrümpfe morgens trage ich aber noch. Ich habe gemerkt: Wenn ich mehr trinke, sind die Füße abends weniger dick.< [!]

>Ich habe weiter abgenommen. Ich habe das Essen total umgestellt. Ich habe kein Fett mehr gegessen, keinen Zucker, ... Ich *muss* auch nicht mehr naschen, wenn ich mich aufraffe, schaffe ich es.<

Depression? >Das ist weg, das ist besser! Wäre jetzt nur noch ordentliches Wetter, dass ich raus könnte.<

Unruhe? >Das geht auch. Ich stricke halt viel. Ich habe zwei Paar Socken und einen Umhang gestrickt. Ruhig sitzen will ich nicht - Schaffen, das ist für mich Erholung.<

Probleme? >Eine Frau aus unserem Ort hat anonym bei der Krankenkasse angerufen, weil ich Bewegungsbäder bezahlt kriege. Das ist Neid und Dummheit!<

Weiterer Verlauf (Zusammenfassung):

In den drei Monaten bis zur nächsten Praxissitzung war die Patientin beschwerdearm; bei verstärkten Rückenschmerzen nahm sie von ihren *Musca-domestica-D12*-Reservetropfen *(Remedia)* mit guter Wirkung ein. In der Praxis hatte sie nichts berichtenswert Neues zu erzählen. Im Gegensatz zur Zeit unter *Bellis perennis* und unter *Rhus toxicodendron* fühlte sie sich unter *Musca domestica* auch psychisch gelassener und ausgeglichener.

Zur vereinbarten Praxissitzung zwei weitere Monate später erschien sie - obwohl vorher sehr zuverlässig - nicht. So rief ich bei ihr an; ihre Tochter war am Telefon: >Meine Mutter ist vor 14 Tagen tödlich verunglückt, ein Frontalzusammenstoß. Sie war mit ihrer Schwester einkaufen gefahren und sie sind aus irgendeinem Grund auf die Gegenfahrbahn geraten und mit einem entgegen kommenden Fahrzeug frontal zusammen gestoßen. Sie sind alle beide tot.<

So endete eine Phase genereller Symptomverbesserung über knapp sieben Monate tragisch.

Rubriken für *Musca domestica* nach diesem Fall in Kombination mit der Arzneimittelprüfung:

- Fleißig, arbeitsam, Arbeitswut
- Geschäftig
- Gesellschaft, Verlangen nach
- Lästig, geht auf die Nerven
- Ruhelosigkeit
- Ruhelosigkeit, nachts
- Stricken, Verlangen zu stricken
- Ungeduld
- Rücken, Schmerz, morgens
- Rücken, Schmerz, Bewegung, amel.
- Extr., Schmerz, Bewegung, amel.
- Extr., Schmerz, Hüfte, Schmerz, Hüfte, Bewegung, amel.
- Allg., Bewegung, amel.
- Allg., Bewegung, Verlangen nach
- Allg., Luft, Freien, im, Verlangen nach Aufenthalt im
- Allg., Speisen, Marmelade, Verlangen
- Allg., Speisen, Süßigkeiten, Verlangen

Fall #7: Chronische Gastritis, Nervosität und Ängste

Eine 41-jährige Frau, sie setzt sich in der Praxis auf den meiner Sitzgelegenheit nächsten Stuhl und rückt ihn noch etwas an mich heran.

>Mein Kehlkopf ist wieder in Ordnung, die Stimmbänder auch wieder. Die Ärztin hat mit Ultraschall geguckt ... .<

Grund des Kommens? >Meine Magenschmerzen. Sie haben vor einem ¾ Jahr begonnen. Ich hatte Antibiotika genommen wegen meiner Nebenhöhlen. Ich war bei der Heilpraktikerin, die gab mir Tropfen und Spritzen. Das *Ranitidin*® von der Internistin half anfangs, dann bekam ich *Antra*®, das half auch anfangs. Aber es ging nicht weg. Jetzt mit den Antibiotika ist es wieder mehr geworden - *Amoxycillin*® - ... .<

Magenprobleme früher? >Vor fünf Jahren ... ich hatte mit Trennkost angefangen, die Ananas, die Kiwi ... vor zwei Jahren ... es brannte weh beim Abdrücken ... das nervt.< Randnotiz auf meinem Block: „Nervende Patientin".

Beschreibung der Magenbeschwerden? >Zum Teil tut es auch sehr weh: Ziehen, Brennen, Druck, Blähungen, mehr Aufstoßen, der Bauch ist doppelt so dick.<

Verschlechterung wodurch? >Süßes - weil ich es furchtbar gern esse. Bratkartoffeln soll ich keine essen, sagt der Doktor.<

Lieblingsspeisen? >Kuchen, Schokolade, alles Mögliche.<

Abneigungen? >Nicht so gern esse ich Rote Beete und geröstete Grießsuppe.<

Durst? >Normal. Früher habe ich Probleme mit den Nieren gehabt: Nierensteine. Nach der Schwangerschaft von meinem Sohn vor 13 Jahren. Ich hatte Koliken - ich hab die Steine in der Uniklinik geschossen gekriegt. Einer ließ sich nicht richtig schießen. In der zweiten Schwangerschaft hatte ich Nierengries - nicht so tragisch. Ich durfte nicht so viel trinken.<

>Mein Körper braucht das Trinken! Sonst kriege ich es an den Kreislauf. Wenn ich zwei, drei Glas Wasser trinke, geht es mir besser. Das ist etwas, was gut durch läuft.<

Oft Antibiotika? >Des öfteren, die Nebenhöhlen, ich habe ölige Tropfen, die letzten zwei Jahre, zweimal jährlich. Die Stirn, die Kieferhöhlen, der Kehlkopf. Die Stimmbänder sind rot. In der Nase Borken und ganz zäher Schleim. Vier-, fünfmal jährlich, in der Faschingszeit, im Oktober. Die Ärztin gibt mir jedesmal ein Antibiotikum.<

>Wovor ich mich drücke: den Schlauch zu schlucken.<

Sonst Symptome? >Angstzustände, Panik. Ich bin in Behandlung beim Neurologen. Das ist meine schlimmste Sache. Es begann zur Jahreswende vor vier Jahren. Es war auch in der Schwangerschaft mit meinem Sohn: Ich konnte nicht in geschlossenen Räumen sein. Danach war es schlagartig besser. Dann war ich vor 12 Jahren im Krankenhaus wegen den Nierensteinen, das war eklig, ich war gefesselt ans Bett. Es begann vor 12 Jahren. Dann war es wieder vor fünf Jahren auf der Arbeit. Ich arbeitete in einem Großraumbüro, 22 Jahre nur mit einer Klimaanlage, mitten im Raum, alles Glaswände, Großraum. Ich konnte dort in der Schwangerschaft nicht sein. Ich hatte schon zu Hause Angst, wenn ich dran dachte. Ich kriegte keine Luft. Ich wurde kribbelig die Arme hinunter.<

>Ich musste da raus! Es war besser an der Luft. Das steigerte sich bis im Januar vor drei Jahren. Ich konnte nicht mehr da drin sein, ich habe nur noch geheult: 'Nur noch raus!' Ich fuhr heim und bekam die *Imap*®-Spritze und Johanniskrautzeug. Dann im Februar brannte die Küche. Die Fritteuse war kaputt, ich stellte sie auf den Ofen und vergaß auszuschalten - da war die Küche im Arsch. 50 Tausend Mark Schaden - es war Chaos im Haus, Brandgeruch bis im April. Der Hausarzt gab mir zwei Sorten Medikamente: *Antares*® und *Insidon*®.<

>Auf der Arbeit hieß es: 'Sie kommen bald wieder - oder Sie gehen!' Ich musste zum Amtsarzt, der Neurologe verfasste mir ein Schreiben. Ich ging in Frühpension - das klappte ohne Probleme. Das half mir. Ich konnte bei den Kindern sein. Das machte mir vorher unheimlich viel aus, die Kinder morgens abzugeben. Ich hätte morgens schreien können.<

>Mir fällt keine Decke mehr auf den Kopf. Das mit den Angstzuständen habe ich gut in den Griff gekriegt. Wo ich Probleme habe: Wenn ich krank bin, kommt Panik hoch. Wenn ich Probleme habe, geht ab und zu der Blutdruck hoch. Die Ärztin meinte, das käme von der Angst. Ab und zu ist das so.<

Kopf-zu-Fuß-Anamnese:

Kopf? >Kopfweh bei der Periode - vorher, dabei und nachher. Meine Mutter hatte schlimm Migräne. Mein Vater hat Gicht gehabt. Meine Oma wurde 89, mein Opa ist im Krieg gefallen. Der andere Opa hat ein Bein ab gehabt. Die Uroma wurde weit über 80. Die Schwester meiner Mutter hatte Diphtherie mit 14, Vater hatte auch Diphtherie.<

Augen/Sehen? >Ab und zu sind sie rot. Ich mache jeden Abend Augenflüssigkeit rein. Ich darf sie nicht ein paar Tage lang vergessen, sonst kommt es wieder. Vielleicht kommt das vom *Insidon*®.<

Nase? >Ich habe eine Nasenscheidewandverkrümmung. Ich benutze öfters Nasentropfen.<

Hals? >Die Schilddrüse hat im Moment rechts 17 Millimeter, sie hat eine leichte Unterfunktion, ich wurde dreimal getestet.<

Herz/Kreislauf? >Ich habe viele EKGs gemacht gekriegt. Das Herz hat mir immer abends geklopft - da ist nichts.<

Verdauung? >Der Stuhlgang ist gut - außer mit Antibiotika, da habe ich Durchfall.<

Zyklus? >Ich nehme keine Pille - ich habe eine Unterbindung machen lassen. Die Periode ist normal lang und es blutet zwei Tage stark.<

PMS? >Busenziehen - 'Mastopathie'. Ich könnte wegen jedem dummen Quatsch heulen. Nachts wird es mir heiß - kalt - heiß - kalt.<

Wärmehaushalt? >Ich bin verfroren, sagt mein Mann.<

Wetter? >Nebel schlägt mir auf die Stimmung. Ich kriege dann eher Panik. Es ist dann drückend, trübe, man sieht nicht weit. Ich stelle mir vor, alles ist voller Dampf - dass man keine Luft mehr kriegt. Schwüles und drückendes Wetter ist fast genauso.<

Klima? >Ich gehe furchtbar gern in die Berge: die Landschaft, das Freie, das Weite: Südtirol.<

>Ich bin kein Schwimmer. Als Kind war ich im Schwimmkurs - dann ging niemand mehr mit mir Schwimmen. Ich war dann in einem Schwimmkurs für Erwachsene. Ich habe Angst vor Wasser, ich habe Angst, Wasser geht in die Ohren und über den Kopf. Das Meer ist so tief, das Unbekannte. In einen Pool gehe ich. Mein Sohn sagt, er geht nicht ins Meer, da sind Fische drin.<

Tageszeit? >Am schlimmsten abends, wenn ich was habe. Die Panikattacken habe ich meist abends.<

Erklärung? >Da ist es dunkel. Da ist gerade kein Arzt da.<

Schlaf? >Ich nehme abends eine *Insidon*®. Ich schlaf gut ein.<

Träume? >Selten.<

Träume? >Oh Jesses!<

Träume? >Was mit meinen Zähnen ... die taten weh.<

Ängste? >Oh je, da kann ich drei Stunden drüber reden. Vor allem und jedem. Wenn mein Mann wegfährt: 'Hoffentlich passiert ihm nichts.' Wenn mein Sohn später heimkommt. Vor Krankheit: Irgendetwas stelle ich mir vor. Ich hätte was Schlimmes. Vorm Zahnarzt immer furchtbar. Vor allem. Vorm Altwerden, seit ich 40 geworden bin. Vorm Aufzug. Vor geschlossenen Räumen. Vorm Eingesperrtsein. Mein Sohn will nicht in den Keller - ich wollte das früher auch nicht. Da wäre einer, der einen holt. Nach Draculafilmen.<

Tierängste? >Spinnen. Die sind gruselig, eklig, als Kind habe ich einmal eine angegriffen. Insekten allgemein: die 100 Beine. Ich könnte sogar keinen Marienkäfer angreifen. Um Wespen mache ich einen Riesenbogen. Motten sind braun und eklig. Die dicken Käfer, die schwarzen. Katzen mag ich auch nicht, weil meine Schwiegermutter Katzen hat. Die sitzen überall - überall Katzenhaare.<

Lieblingstiere? >Unser Riesenzwerghase. Fische, wir haben ein Aquarium mit Barschen, Yellows, zitonengelbe, langlebige. Vögel mag ich auch.<

Pflanzen? >Pflanzen mag ich alle außer Kakteen. Ich habe gern einen Garten, einen Blumengarten. Schön blühende - viele Geranien, Rosen. Aber das ist problematisch wegen dem Viehzeug, ich habe Angst vor dem vielen Ungeziefer. Flieder mag ich wegen dem Fliederduft. Den Garten mache ich gern: Im Frühjahr das Laub weg - da geht mir das Herz auf. Ich mag es, ganz viel im Garten zu werkeln. Ich habe Rhododendron, Lavendel, Pampasgras, Geranien, Osterglocken, Primelchen - da geht mir das Herz auf.<

Hobbys? >Ich lese gern. Romane von Konsalik, Gabi Hauptmann und Hera Lind. Früher habe ich viel gestrickt. Heute stricke ich nicht mehr. Ich hatte schon eine Arthrose im Arm. Das war eine Sucht. Ich kriegte davon Arthrose. Ich strickte jeden Tag: Pullis für mich, ich liebte es, aber es war nicht so gut für die Schultern.<

Selbstbeschreibung? >Oh je. Ich bin ungeduldig. Ich bin nervös seit den Angstzuständen. Ich schreie herum. Hopplahopp - alles muss schnell hopplahopp gehen, obwohl ich ein unordentlicher Mensch bin. Ich bin *kein* Putzfanatiker. Bei mir ist es nicht so perfekt, das sehe ich nicht ein. Ich bin ungeduldig mit allem.<

Schlechte Zeiten? >In der Schwangerschaft von meiner Tochter ging es mir sehr schlecht. Ich wusste nicht, dass ich schwanger war. Dann war ich es doch. Meine Eltern stellten sich quer: 'Was du uns antust!' Es war eine schlimme Zeit, ich kam mir so verloren vor, so verlassen. 'Was habe ich denn Schlimmes getan?'<

Vorher schlechte Zeiten? >Zeitweise in der Schule, im Gymnasium. Ich war mittelmäßig gut. Es ging sehr zur Sache - ich war schon nach der 4. Grundschulklasse abgegangen. Das war ein Sprung ins kalte Wasser.<

>Meine Mutter hatte uns einen Bären aufgebunden, woher die Kinder kämen. Sie sagte, die Kinder kämen aus der Seite vom Bauch und vom Klapperstorch. Sie wollte immer ihre Meinung durchdrücken und durchsuchte meine Handtasche. Sie machte mich zur Sau, als sie die Pille fand.<

Vater? >Er war verklemmt. Als ich mit 15/16 in Unterwäsche im Haus herum lief, sagte er, bei uns zu Hause wäre kein Puff. Er schrie oft. Mit 19 verprügelte er mich, weil ich mit einem Mann eine Wohnung gesucht hatte.<

Sonst Kindheitsprobleme? >Nein, da war nicht viel Negatives. Ich erinnere mich noch gut, als die Uroma starb.<

Drei Wünsche? >Gesundheit ist das Wichtigste. Wenn man das nicht hat ... . Mit meinem Mann möchte ich alt werden und mit den Kindern. Und Zufriedenheit.<

Lebensträume? >Im Süden überwintern von November bis Februar.<

Verwandeln? >Ich möchte noch mal jünger sein. Beruflich ... ich würde Abi machen und Gartenbauarchitektin werden. Nie wieder ins Büro. Nie wieder.<

Aggressionen? >Ich kann ganz schön aggressiv werden. Mich hindert die Mücke an der Wand. Ich hatte meinen Sohn drei Jahre am Hals. Meine Eltern waren nie meine Bezugspersonen. Es reizte mich furchtbar, wenn meine Oma meinen Sohn gegen mich aufhetzte. Es ging mir wieder besser, als ich halbtags arbeitete nach meiner Tochter. Ich kann mich nicht unterordnen. Ich sage immer, was Sache ist, ich spreche darüber.<

Negatives an anderen? >Die Lügen der Kinder - das können sie schon ganz gut.<

Weinen? >Bei rührigen Filmen, 'Love Story'. Das Buch 'Wie ein einziger Tag'. Eine Liebesgeschichte. Nach 14 Jahren trafen sich die beiden wieder. Am Schluss hatte sie Alzheimer. Sie war alt und kam ins Pflegeheim. 'Wenn du alt bist, sitzt du auch so da!' Im echten Leben beim Sterben und bei Hochzeiten. Als die Mutter eines Mitschülers meines Sohnes an Brustkrebs starb.<

Ruhe? >Wenn es mir gut geht, kann ich ruhig sitzen. Aber wenn es anfängt zu kribbeln ... ich stehe auf und tue etwas, um es zu überspielen. Mein Mann fragt dann: 'Geht es dir nicht gut?' Ich messe mir dann laufend den Blutdruck. Mein Mann: 'Hast du schon wieder die Sache?'<

Was vergessen? >Ich glaube, Sie haben mich ganz umgekrempelt.<

Sport? >Ich müsste, aber ich mache nicht. Ich bin ziemlich faul - aber ich gehe in die Krankengymnastik. Ich wollte schon 100 Mal mit Sport anfangen, aber ich ziehe es nicht durch. Früher bin ich gern Rad gefahren - heute habe ich Angst zu stürzen.<

Homöopathie? >Dass der Magen bessert wird, dass es ganz weggeht. Und meine Ängste weg.<

Mittelfindung:

„Sie setzt sich in der Praxis auf den meiner Sitzgelegenheit nächsten Stuhl und rückt ihn noch etwas an mich heran." Diese in meiner Erstnotiz verewigte Geste sollte schon bald deutlicher werden, wie meine nächste Randnotiz zeigt: „Nervende Patientin":

- Lästig, geht auf die Nerven

Schon bald wurde nämlich klar, dass es nicht nur der Magen der Patientin war, vor allem hatte sie es 'mit den Nerven': >Angstzustände, Panik ... in Behandlung beim Neurologen ... konnte nicht in geschlossenen Räumen sein ... in einem Großraumbüro ... mitten im Raum, alles Glaswände ... schon zu Hause Angst, wenn ich dran dachte ... kriegte keine Luft. Ich wurde kribbelig die Arme hinunter< ... >Ich musste da raus! Es war besser an der Luft ... 'Nur noch raus!'< ... > Wenn ich krank bin, kommt Panik hoch< ... >... stelle mir vor, alles ist voller Dampf - dass man keine Luft mehr kriegt. Schwüles und drückendes Wetter ist fast genauso< ... Ängste: >Vorm Aufzug. Vor geschlossenen Räumen. Vorm Eingesperrtsein.<

Als die Patientin die Panik in verglasten Räumen mit hektischer Fluchttendenz nach draußen beschrieb, dachte ich erstmals an *Musca domestica*. *Apis mellifica* hat dieses Bild ja auch, ist generell aber eher 'emsig' als 'nervig'. Eine aufgeregte Stubenfliege oder Biene, die nach draußen will, an einer Fensterscheibe - ein einprägsames Bild.

- Furcht, engen Räumen, in
- Atmung, Atemnot, offen, Türen und Fenster offen sind, will, daß
- Allg., Luft, Freien, im, Verlangen nach Aufenthalt im

Die Tieraffinitäten der Patientin bestätigten endgültig ein Insekt; Tierängste: >Spinnen. Die sind gruselig, eklig, als Kind habe ich einmal eine angegriffen. Insekten allgemein: die 100 Beine. Ich könnte sogar keinen Marienkäfer angreifen. Um Wespen mache ich einen Riesenbogen. Motten sind braun und eklig. Die dicken Käfer, die schwarzen< ... >... Geranien, Rosen. Aber das ist problematisch wegen dem Viehzeug, ich habe Angst vor dem vielen Ungeziefer.<

- Furcht, Spinnen
- Furcht, Insekten

Ein weiteres intensives Symptom und eine Bestätigung (⇨ Fall #6 dieser Sammlung): >Früher habe ich viel gestrickt. Heute stricke ich nicht mehr. Ich hatte schon eine Arthrose im Arm. Das war eine Sucht. Ich kriege davon Arthrose. Ich strickte jeden Tag: Pullis für mich, ich liebe es, aber es war nicht so gut für die Schultern.<

- Stricken, Verlangen zu stricken
- Fleißig, arbeitsam, Arbeitswut

Die Selbstbeschreibung offenbarte: >Oh je. Ich bin ungeduldig. Ich bin nervös seit den Angstzuständen. Ich schreie herum. Hopplahopp - alles muss schnell hopplahopp gehen, obwohl ich ein unordentlicher Mensch bin. Ich bin *kein* Putzfanatiker. Bei mir ist es nicht so perfekt, das sehe ich nicht ein. Ich bin ungeduldig mit allem< ... >... wenn es anfängt zu kribbeln

... ich stehe auf und tue etwas, um es zu überspielen ... messe mir dann laufend den Blutdruck ... .<

- Ungeduld
- Ruhelosigkeit
- Chaotisch
- Schmutzig

Letztere Rubrik habe ich hier nur eingerichtet, weil 'Schmutz' zudem sowohl Thema der Arzneimittelprüfung als auch eines vorangegangenen *Musca*-Falles war. Genaueres siehe dort.

Die Haupt-Nahrungsverlangen der Patientin: Verschlechterung wodurch? >Süßes - weil ich es furchtbar gern esse< ... >Kuchen, Schokolade, alles Mögliche.<

- Allg., Speisen, Süßigkeiten, Verlangen

Eine interessante Parallele zu meinem ersten eigenen *Musca*-Fall, wo 'Feuer' ebenfalls ein Thema war: >Dann im Februar brannte die Küche. Die Fritteuse war kaputt, ich stellte sie auf den Ofen und vergaß auszuschalten - da war die Küche im Arsch. 50 Tausend Mark Schaden - es war Chaos im Haus, Brandgeruch bis im April.<

Zu guter Letzt taucht die Fliege auch höchstpersönlich auf - gut versteckt, wie in einem Suchbild: >Mich hindert die Mücke an der Wand.<

Differentialdiagnosen:

Ängste: >Vorm Altwerden, seit ich 40 geworden bin.< Verwandeln: >Ich möchte noch mal jünger sein.< Weinen: >Das Buch 'Wie ein einziger Tag' ... Liebesgeschichte ... am Schluss hatte sie Alzheimer ... war alt und kam ins Pflegeheim. 'Wenn du alt bist, sitzt du auch so da!'< Die Kürze ihres Lebens macht der Patientin zu schaffen - hätte eine gewöhnliche Eintagsfliege wie *Ephemera vulgata* im homöopathischen Arzneischatz existiert, wäre dies das verabreichte Mittel gewesen.

>Sprung ins kalte Wasser< ... >... kein Schwimmer ... Angst vor Wasser, ... das Meer ist so tief, das Unbekannte ... mein Sohn sagt, er geht nicht ins Meer, da sind Fische drin< ... Lieblingstiere: >Fische, wir haben ein Aquarium mit Barschen, Yellows, zitonengelbe, langlebige.< Ein langlebiger (!) Yellow wäre hier nur mäßig interessant als Arznei; sehr wichtig als Differentialdiagnose aber das unruhige, von Dämonen aus dem Fegefeuer im Unterbewusstsein getriebene *Bromum*.

Therapie: *Musca domestica C30/C200 (Remedia)*.

Verlauf:

Den Verlauf der folgenden beiden Jahre möchte ich zusammenfassen. Die Patientin übernahm für ein halbes Jahr die Nummer eins in der Rangliste der häufigen Anrufer. Dies führte von Anfang an zu Schwierigkeiten mit ihrer Krankenkasse (derentwegen sie dann *auch* ständig anrief), die nicht mehr alles erstatten wollte, zumal die Patientin weiter >zur Abklärung< reihenweise verschiedene Ärzte aufsuchte, außer *Insidon*® nahm die Patientin aber angeblich keine anderen Medikamente mehr ein. Von mir selbst erhielt die Patientin in diesen zwei Jahren lediglich noch eine Dosis *Musca domestica C200* und zweimal *Musca domestica M (Remedia)*, ansonsten stets *Saccharum lactis*. Da die Patientin *Musca domestica C12* und *C18*-Reservetropfen zur Verfügung hatte, nahm sie allein davon oft genug einen Impuls zum Vorantreiben der Heilung ein.

Nerven, Ängste, Magenprobleme, Infekte, Allergien - alles reduzierte sich recht bald auf ein Minimum bzw. verschwand für den gesamten Beobachtungszeitraum. (Rubriken: Die in der Fallanalyse aufgeführten reichen aus.) Lediglich nach 1½ Jahren hatte die Patientin (möglicherweise) einen Insektenstich am Fußrücken und entwickelte Panik, Borelliose zu haben, kräftg unterstützt in dieser 'Diagnose' durch eine >befreundeten< Ärztin. Nachdem sie ca. drei Wochen lang fast täglich angerufen hatte und dazu verschiedene Spezialisten (mit mehrfachen zweideutigen Laborergebnissen) zu Rate gezogen und Land und Leute verrückt gemacht hatte, nahm sie gegen meinen Rat (aber dem Rat ihres Apothekers folgend) drei Wochen lang Antibiotika ein: ohne erkennbare negative Folgen für Nervenkostüm, Magen, Immunsystem etc. Das war die einzige Phase, in der sie sich psychisch noch einmal in alten Angst- und

Panikmustern bewegte. Ansonsten reduzierte sie nach und nach auch ihre Arztbesuche.

Schon nach sechs Wochen:

>Meinen Nerven geht es besser. Ich finde, dass ich gelassener bin. Egal, ob es weh tut, ob was mit den Kindern ist. Ich ging nicht mehr an die Decke, als mein Sohn eine '5' in Mathe hatte.<

>Der Magen ist besser, außer, wenn ich über die Stränge schlage. Es ist nicht mehr so oft, und wenn, dann nicht mehr so schlimm. Den Säureblocker nehme ich nicht mehr - ich habe immer hunderte von Mark in die Apotheke geschleppt.<

>Auch vom Heuschnupfen her: Er ist nicht mehr so schlimm und ich habe keine Panik dabei. Ich habe mir Cortison-Tropfen verschreiben lassen - ich habe sie zu Hause stehen - verschlossen.<

☞ >Ich hatte drei richtig blöde Träume. Im ersten musste ich dringend auf die Toilette. Es waren jede Menge Toiletten da, aber alle waren so dreckig und eklig; sie waren entweder offen oder sie waren verschmutzt.<

☞>Im zweiten Traum war ich mit früheren Kollegen zusammen. Wir feierten ein Fest und waren gut drauf; wir tranken was und erzählten.<

☞>Traum drei: Ich war auf der Beerdigung der Oma meines Mannes. In der Leichenhalle stand der Sarg hinter uns und es stank furchtbar. Mein Mann sagte: 'Die Leiche stinkt so.' Wir standen mit dem Rücken zum Sarg. Es *roch* im Traum - so habe ich es in Realität noch nie gerochen.<

- Träume, Schmutzig, Toiletten
- Träume, Exkremente, Toiletten
- Träume, Ekelhaft
- Träume, Leichen, Leichengeruch

Bezug zu Leichen? >In Realität habe ich bewusst einmal eine Leiche gesehen, die meiner Oma vor fünf Jahren. Das war so schlimm: Deckel drauf und Ende! Auch als mein Onkel in den Sarg gelegt wurde, fand ich das gruselig. Das ist nicht meines!< Sie redete noch fünf Minuten weiter über Leichen und darüber wie gruselig die waren ... .

Aufschlussreiches aus den weiteren Sitzungen (da die Patientin in regelmäßigen Abständen Reservetropfen einnahm, können die Träume wohl *Musca domestica* zugeordnet werden):

 >Ich traf eine Schulfreundin. Ich wusste im Traum, dass sie tot war. Ich sprach mit ihr. Dann: 'Wieso rede ich mit der, die ist doch tot?' Ich sah sie richtig vor mir.<

 >Meine Tochter stürzte in trockenen Sand. Der Sand ging über ihr Gesicht und über sie. Sie ist fast erstickt und wurde ohnmächtig. Ich schüttelte sie - und erwachte.<

 >Ich war wieder auf meinem alten Arbeitsplatz und musste mitarbeiten. Ich kriegte das nicht auf die Reihe und alle guckten. Es stank mir dort so.<

Diesen Traum hatte die Patientin, kurz bevor sie mit viel Erwartungsspannung wieder halbtags ins Berufsleben einstieg, was sich dann aber rasch als guter Schritt und Bereicherung darstellte.

 >Drei Aquarien standen da. Eines war unseres. Ein anderes war groß und toll und hatte schöne Fische. Dann eines mit einem so großen Fisch, der passte gar nicht rein.<

 >Ich sah, wie ein Kind überfahren wurde an den Gelenken: Hände und Füße. Das Auto war vorbei - und sie stand auf und war ein Pudel.<

 >Eine Freundin heiratete mit Riesenprunk und einem tollen Hochzeitskleid.<

 >Ich war draußen mit Leuten, auch Kindern. Wildschweine liefen herum. Ein Keiler verklemmte sich bei mir mit einem Riesenzahn im Bein. Ich konnte ihn abschütteln und kam dann ins Haus.<

↻ >Der Mann einer Freundin hatte nur noch 10 Tage zu leben. Er fiel hin und lag ganz steif auf einem Elektroherd.<

↻ >Ich war auf dem Friedhof und lief herum. Da stand erhöht ein Sarg, der war innen beleuchtet. Ich wollte gucken, wer da drin lag, erwachte aber.<

↻>Ich war mit meinem Mann im Zoo. An der Wand war ein Aquarium mit einer riesengroßen Schlange drin. Die stellte sich auf und bollerte gegen das Glas. Ich rief: 'Raus! Wenn die rauskommt!', und lief nach draußen. Das Aquarium zerbrach und das Wasser lief raus.<

↻ >Jemand sagte zu mir, ich solle aus Putenschenkeln Knochen herausmachen. Ich schaute hin: Das Fleisch war total porös und schwarz. Ich sagte: 'Das kann man nicht essen.' Auf einem Stuhl in dem Raum saß eine Kreatur. Sie klappte ihren Arm hoch und darunter sah man die inneren Organe. Das war ein Vieh - kein Mensch! Es klappte den Arm hoch und man sah lauter solche Organe drin - eklig. Ich gucke nie Horrorfilme, ich weiß nicht, woher ich den Traum habe.<

↻ >Kinder spielten im Wald und hatten ein kleines Wildschwein in einem Glaskasten, gerade etwas größer als das Schwein. Sie warfen den Glaskasten herum. Es saß darin und war regungslos.< (Der Glaskasten erinnert an das Großraumbüro. 'Wildschwein' taucht zum zweiten Mal auf.)

- Träume, Wildschweine

↻ >Jede Menge Sahnetorten standen auf dem Tisch. Ich probierte von jeder - von der einen, von der anderen ... .<

- Träume, Naschen

Süßverlangen? >Ich esse nicht mehr so viel Süßes. Das klappt ganz gut. Ich esse insgesamt bewusster und kontrollierter. Ich habe kein Gramm zugenommen über Weihnachten. Als ich eine Schachtel Pralinen angefangen hatte, meinte ich, ich müsste an einem Tag alle Pralinen essen. Ich habe mich aber beherrscht.<

Aufschlussreich für das Verständnis des familiären Hintergrundes war Folgendes (⇨ auch Fall #4):

>Mit meiner Mutter hatte ich schon immer Konflikte. Sie reitet nur auf meinen Nerven herum. Sie nutzt mich richtig aus - 'Fährst du mich da hin?' Ich spiele nicht mehr ihren Fahrer! Ich sagte: "Würdest du mich nur einmal in Ruhe lassen!" Sie geht mir den ganzen Tag auf den Wecker. Ich bin da ganz anders eingestellt. Den Fehler mache ich bei meinen Kindern nicht!<

>Sie geht mir schon auf die Nerven, so lange ich denken kann. Mein erster Freund passte ihr nicht. Beim zweiten Freund wollte sie die absolute Kontrolle. Mit 19 habe ich geheiratet - ich hielt es daheim nicht mehr aus: 'Wo gehst du hin?', 'Wann kommst du heim?' Mutter wollte immer die erste Geige spielen. In meiner ersten Schwangerschaft: 'Mach dies nicht, mach das nicht!', 'Wenn dem Kind was passiert!' Sie meinte, sie müsste sich in alles reinhängen. Die machte mich fix und fertig.<

>Meine Oma mischte sich schon bei meinen Eltern ein. Da kam es immer zu Krach und Streit. So ein schrecklicher Mist war das immer! Meine Oma war auch so ein ängstlicher Schisser wie ich.< (Man beachte die Wortwahl!)

Weiterer Verlauf:

Nach zwei Jahren konnte man sagen, dass die Gesundheit der Patientin stabil und dauerhaft wiederhergestellt war, was auch sie selbst so beurteilte. An ihrer fordernden Art, zum Beispiel an ihrem ständigen Stochern wegen unvollständiger Krankenkassenerstattungen und Bezahlen von Rechnungen nur nach Mahnung, hatte sich nichts geändert. An einer Rechnung für eine Beratung, die sie nicht bezahlen wollte, weil sie keine Arznei erhalten hatte (weshalb auch ihr Sachbearbeiter bei der Krankenkasse riet, nichts zu zahlen!), scheiterte dann unsere Beziehung.

Ein Konzept von *Musca domestica*

Musca-domestica-Menschen sind unruhige Seelen. Eine innere Rastlosigkeit treibt sie von einem Platz zum anderen; *Musca*-Kinder sind hyperaktiv, rennen durch die Gegend, fassen alles an - und gehen jedem auf die Nerven. Ermahnungen halten sie nur kurz von ihren Vorhaben ab, dann versuchen sie erneut und unbeirrt, sie in die Tat umzusetzen (wie *Culex*). *Musca*-Erwachsene können sehr ungeduldig sein und ihr Gegenüber unablässig bedrängen - unter anderem ihren homöopathischen Behandler.

Auch in ihrem Inneren sind *Musca*-Patienten chaotisch. Gedanken schwirren wahllos durch den Kopf, Konzentration auf eine Sache ist nicht möglich. Dies resultiert bei *Musca*-Kindern im Verbund mit ihrem auffälligen Verhalten nicht selten in Schulschwierigkeiten. Das Chaos im Kopf führt zu massenhaft Fehlern, *Musca* lässt beim Schreiben Worte oder ganze Sätze aus; sein Gedächtnis ist katastrophal. *Musca*-Kinder lernen spät und dann nur undeutlich sprechen; sie können generell in ihrer Entwicklung verzögert sein.

Zu Schmutz und Müll haben *Musca*-Patienten einen besonderen Bezug. Bei *Musca*-Kindern wird die Sauberkeitserziehung zum Problem: Einnässen und Einkoten scheinen sie selbst überhaupt nicht zu stören; Speichelfluss ist ein *Musca*-Symptom (wie *Mercurius*). *Musca*-Kinder haben ein Faible für Dreckiges wie zum Beispiel zum Mantschen mit Wasser und sich in Sand zu wälzen. Bei älteren *Musca*-Kindern sammelt sich der Müll im Zimmer; erwachsene *Musca*-Patienten können ihre Symptomatik gut kompensiert haben und sich als rastlose Putzteufel entpuppen. Bei ihnen tauchen dann in den Träumen verschmutzte Toiletten, Exkremente, Wildschweine und Unordnung auf.

Die Unruhe des *Musca*-Patienten äußert sich körperlich am stärksten in den Extremitäten; die Arme scheinen besonders befallen zu sein. Eine kreative Kanalisierung dieses Symptoms ist das Verlangen zu Stricken - ähnlich wie bei homöopathischen Spinnenarzneien oder anderen Gliederfüßler-Mitteln. Generell ist die Rastlosigkeit von *Musca domestica* eher chaotisch und unproduktiv - in Abgrenzung zum eher fleißigen und konstruktiven *Apis mellifica*.

Bei *Musca* fehlt aufgrund der aufgezählten Gegebenheiten die Wachsamkeit und feinere Sensibilität für Gefahren und Schmerzen. *Musca*-Kinder rennen wahllos und unbelehrbar auf die Straße, erklettern gefährliche Stellen, lassen sich anscheinend ohne Schmerzempfinden fallen, finden schnell heraus, wie die Kindersicherung einer Steckdose zu überlisten ist usw. Erschwerend kommen eine körperliche Ungeschicklichkeit und ein schlaffer Muskeltonus hinzu, die zu häufigem Stolpern und Fallen führen (wie *Agaricus muscarius*, der Fliegenpilz).

Nach Ängsten befragt, wird der *Musca*-Patient möglicherweise Angst vor Spinnen und Ungeziefer benennen.

Musca domestica ist getrieben von einem Verlangen nach Bewegung. Besserung durch Bewegung kann eine Modalität bei 'rheumatischen' Beschwerden sein (wie bei *Rhus toxicodendron*).

Musca domestica hat ein Bedürfnis, sich im Freien zu betätigen. Geschlossene Räume können bei ihnen zu Beklemmung, klaustrophobischen Anwandlungen oder Atemnot führen (wie *Apis mellifica*). Sein hohl klingender Husten bringt *Musca* außer Atem.

Musca liebt wie viele homöopathische Insektenmittel Süßigkeiten, besonders Marmelade (wie *Vespa vulgaris*).

Der Routineverschreiber wird *Musca*-Patienten zuvor vielleicht *Sulfur*, *Tuberculinum*, *Mercurius* oder *Tarantula hispanica* verschrieben haben, bevor er bei genauerem Hinsehen die speziellen Züge von *Musca domestica* erkennt.

Liste der in dieser Sammlung vorkommenden *Musca*-Repertoriumsrubriken.

Die Seitenzahlen bezeichnen die entsprechende Stelle in der 7. Auflage des Synthesis-Repertoriums.
NR ≈ noch nicht im Repertorium, neue Rubrik einrichten!
* ≈ gibt die Wertigkeit von Musca an; 'mlk' ist mein Namenskürzel.

Gemüt

- Chaotisch (Sy7 37; **, mlk)
- Elektrizität, Interesse für, Kindern, bei, überlistet die Kindersicherung[NR] (Sy7 44; *, mlk)
- Entwicklungsstillstand bei Kindern (Sy7 49; *, mlk)
- Fallen, lässt sich, Angst, ohne[NR] (Sy7 56; *, mlk)
- Fehler, Schreiben, beim (Sy7 59; *, mlk)
- Fehler, Schreiben, beim, lässt etwas aus, Sätze[NR] (Sy7 59; *, mlk)
- Fehler, Schreiben, beim, lässt etwas aus, Worte (Sy7 59; *, mlk)
- Fleißig, arbeitsam, Arbeitswut (Sy7 61; *, mlk)
- Furcht, engen Räumen, in (Sy7 68; *, mlk)
- Furcht, Insekten (Sy7 72; *, mlk)
- Furcht, Spinnen (Sy7 75; *, mlk)
- Gedanken, Gedankenandrang, Arbeit, Gedanken an die Arbeit[NR] (Sy7 82; *, mlk)
- Gedanken, wandernd, umherschweifend (Sy7 85; *, mlk)
- Gefahr, kein Gefühl für Gefahr, hat (Sy7 86; *, mlk)
- Gefahr, kein Gefühl für Gefahr, hat, gefährdet für Unfälle[NR] (Sy7 86; *, mlk)
- Geschäftig (Sy7 93; *, mlk)
- Gesellschaft, Verlangen nach (Sy7 94; *, mlk)
- Gesten, Gebärden; macht, fasst alles an[NR] (Sy7 96; *, mlk)
- Hast, Eile (Sy7 104; *, mlk)
- Klettern, Verlangen zu (Sy7 114; *, mlk)
- Konzentration, schwierig (Sy7 115; *, mlk)
- Lästig, geht auf die Nerven (Sy7 121; **, mlk)
- Reizbarkeit (Sy7 142; *, mlk)
- Ruhelosigkeit (Sy7 148; **, mlk)
- Ruhelosigkeit, nachts (Sy7 149; *, mlk)
- Ruhelosigkeit, innerlich (Sy7 151; *, mlk)

- Ruhelosigkeit, Sitzen, im (Sy7 152; *, mlk)
- Ruhelosigkeit, treibt umher (Sy7 153; **, mlk)
- Schamlos (Sy7 153; *, mlk)
- Schmutzig (Sy7 155; **, mlk)
- Schmutzig, beschmutzt alles, macht alles schmutzig (Sy7 155; *, mlk)
- Schmutzig, urinieren und defäkieren überall, Kinder (Sy7 155; *, mlk)
- Schreiben, Unfähigkeit zu (Sy7 155; *, mlk)
- Schreiben, unleserlich, schreibt (Sy7 155; *, mlk)
- Sprechen, langsam, lernt (Sy7 169; *, mlk)
- Springen, Laufen, Rennen in leichtsinniger, rücksichtsloser Weise, und (Sy7 170; *, mlk)
- Stricken, Verlangen zu stricken [NR] (Sy7 175; *, mlk)
- Ungeduld (Sy7 193; *, mlk)
- Ungehorsam (Sy7 194; +*Culx.*, *, mlk)
- Ungehorsam, Ermahnungen, unbeeinflusst durch[NR] (Sy7 194; +*Culx.*, *, mlk)
- Unordentlich (Sy7 195; *, mlk)
- Vergesslich (Sy7 198; *, mlk)
- Vergeßlich, Sätze beim Schreiben, vergisst[NR] (Sy7 199; *, mlk)
- Vergeßlich, Worte beim Schreiben, vergisst (Sy7 199; *, mlk)
- Verwechselt, Personen, Gegenstände etc.[NR] (Sy7 202; *, mlk)
- Wahnideen, Kopf, abreißen, jemand reißt den Kopf ab [NR] (Sy7 228; *, mlk)

Träume

- Ballett, Kuhweide, auf einer[NR] (Sy7 1535; *, mlk)
- Bedrängt, wird bedrängt[NR] (Sy7 1535; *, mlk)
- Beengung, von[NR] (Sy7 1535; *, mlk)
- Bretterverkleidung, sitzt hinter einer[NR] (Sy7 1536; *, mlk)
- Ekelhaft (Sy7 1537; *, mlk)
- Elektrisch, von elektrischen Einrichtungen[NR] (Sy7 1537; *, mlk)
- Essen (Sy7 1539; *, mlk)
- Exkremente, Toiletten (Sy7 1539; *, mlk)
- Fliehen (Sy7 1540; *, mlk)
- Gebäude, große[NR] (Sy7 1541; *, mlk)
- Geld (Sy7 1542; *, mlk)

- Häuser, alte^{NR}   (Sy7 1543; *, mlk)
- Kleidung, Anzügen, Personen in^{NR}   (Sy7 1545; *, mlk)
- Leichen, Leichengeruch   (Sy7 1547; *, mlk)
- Männer, kleines Männchen^{NR}   (Sy7 1548; *, mlk)
- Menschen, viele, Raum, in einem kleinen^{NR}   (Sy7 1548; *, mlk)
- Naschen^{NR}   (Sy7 1549; *, mlk)
- Nervenzusammenbruch, von^{NR}   (Sy7 1549; *, mlk)
- Obst   (Sy7 1549; *, mlk)
- Polizei   (Sy7 1549; *, mlk)
- Preis, der Preis ist zu hoch oder zu niedrig^{NR}   (Sy7 1549; *, mlk)
- Ruinen^{NR}   (Sy7 1550; *, mlk)
- Schmutzig, Toiletten^{NR}   (Sy7 1550; *, mlk)
- Telefone, Telefon klingelt^{NR}   (Sy7 1553; *, mlk)
- Überschwemmung   (Sy7 1554; *, mlk)
- Unrat, von, Verrottetem usw.^{NR}   (Sy7 1554; *, mlk)
- Verfolgt zu werden   (Sy7 1555; *, mlk)
- Verrückt, macht alle Leute verrückt^{NR}   (Sy7 1556; *, mlk)
- Wasser   (Sy7 1557; *, mlk)
- Wasser, Beinen, in den^{NR}   (Sy7 1558; *, mlk)
- Wasser, Keller, im^{NR}   (Sy7 1558; *, mlk)
- Wildschweine   (Sy7 1558; *, mlk)
- Zeit, Zeitdruck, von^{NR}   (Sy7 1559; *, mlk)
- Zimmer, miefige, schlecht gelüftete^{NR}   (Sy7 1559; *, mlk)
- Zimmer, schimmlig, vergammelt etc.^{NR}   (Sy7 1559; *, mlk)
- Zimmer, überfülltes^{NR}   (Sy7 1559; *, mlk)

Allgemeines

- Bewegung, amel.   (Sy7 1668; *, mlk)
- Bewegung, Verlangen nach   (Sy7 1669; *, mlk)
- Entwicklungsstillstand   (Sy7 1678; *, mlk)
- Erschlaffung, Muskeln, von   (Sy7 1680 ; *, mlk)
- Luft, Freien, im, Verlangen nach Aufenthalt im   (Sy7 1722; *, mlk)
- Speisen, Marmelade, Verlangen^{NR}   (Sy7 1805! ; *, mlk)
- Speisen, Süßigkeiten, Verlangen   (Sy7 1810; *, mlk)

Kopf

- Schmerz, drückend, Schläfen   (Sy7 364f; *, mlk)
- Zange, wie in einer[NR]   (Sy7 409; *, mlk)

Ohr

- Geräusche im Ohr, Ohrgeräusche   (Sy7 489f; *, mlk)

Nase

- Verstopfung, rechts   (Sy7 552; *, mlk)

Gesicht

- Schmerz, Kiefer, Kiefergelenk, links (Sy7 592; *, mlk)
- Steifheit, Kiefer, Unterkiefer   (Sy7 605; *, mlk)

Mund

- Speichelfluss   (Sy7 657; *, mlk)
- Sprache, undeutlich   (Sy7 661; *, mlk)

äußerer Hals

- Schmerz, Drehen des Kopfes, beim   (Sy7 715; *, mlk)

Magen

- Übelkeit   (Sy7 770; *, mlk)

Rektum

- Unwillkürlicher Stuhl   (Sy7 885; *, mlk)

Blase

- Urinieren, unwillkürlich   (Sy7 971; *, mlk)

Atmung

- Atemnot, offen, Türen und Fenster offen sind, will, daß (Sy7 1057; *, mlk)
- Rasselnd (Sy7 1062; *, mlk)

Husten

- Atmen, ungenügend (Sy7 1072; *, mlk)
- Hohl (Sy7 1080; *, mlk)
- Metallisch (Sy7 1090; *, mlk)

Brust

- Schmerz, Atmen, beim (Sy7 1138; *, mlk)

Rücken

- Schmerzen, morgens (Sy7 119; *, mlk)
- Schmerzen, Bewegung, amel. (Sy7 1191; *, mlk)
- Schmerz, Lumbalregion (Sy7 1197; *, mlk)
- Schmerz, Lumbalregion, Husten, beim (Sy7 1199; *, mlk)
- Schmerz, Lumbalregion, warme Anwendungen, amel. (Sy7 1200; *, mlk)

Extremitäten

- Ameisenlaufen, Füße (Sy7 1243; *, mlk)
- Kälte, Beine, eiskalt (Sy7 1300; *, mlk)
- Kribbeln, Füße (Sy7 1318; *, mlk)
- Ruhelosigkeit, Hände (Sy7 1333f; *, mlk)
- Ruhelosigkeit, Hände (Sy7 1333f; *, mlk)
- Schmerz, Bewegung, bei, amel. (Sy7 1336; *, mlk)
- Schmerz, Schulter, links (Sy7 1344; *, mlk)
- Schmerz, Hüfte, Bewegung, amel. (Sy7 1358; *, mlk)
- Ungeschicklichkeit (Sy7 1475; *, mlk)
- Ungeschicklichkeit, Beine, stolpert beim Gehen (Sy7 1475; *, mlk)

Schlaf

- Lage, Seite, auf der, rechten Seite, auf der (Sy7 1507 ; *, mlk)
- Verlängert (Sy7 1532; *, mlk)

Die gewöhnliche Stubenfliege
von Susan Sonz und Robert Stewart
(Im Original auf der Website der NY School of Homeopathy: www.nyhomeopathy.com; 8. Oct. 2001)

Die gewöhnliche Stubenfliege ist allgegenwärtig. Wo immer sich menschliche Behausungen finden, wird ihr infernalisches Brummen zu hören sein. Daher ist es verwunderlich, dass sie niemals zuvor homöopathisch geprüft worden ist. Im letzten Jahrhundert prüfte ein ambitionierter Homöopath einen Parasiten der Stubenfliege, *Trombidium muscae domesticae*, aber bis heute hat niemand daran gedacht, seinen Wirt zu prüfen.

Die Insektenwelt ist eigenartig. Stimmlos und voll gepanzert, haben Insekten weniger Beine als eher Werkzeuge: ein Sortiment von Sägen und Scheren, Hämmern und Sicheln. Es ist eine sehr wacklig verbundene, segmentierte Welt, in der eine Mutter ihre Jungen genauso leidenschaftslos verspeist, wie sie dies möglicherweise mit ihrem Gatten tut. Es ist eine Welt, die mehr als zwei Drittel des gesamten Tierreichs umfasst. Der große Naturforscher Maurice Maeterlinck, dessen Arbeiten zur Ameise zu den Klassikern zählen, bemerkte einmal: „Irgendetwas an den Insekten scheint völlig fremdartig in Hinsicht auf Gewohnheiten, Moral und Psychologie dieser Welt zu sein, als wäre es von einem fremden Planeten gekommen; monströser, energischer, gefühlloser, wilder, infernalischer als wir selbst."

Musca domestica zählt zur Familie der Muscoideae, zur Ordnung der Zweiflügler, zur Klasse Insekten und zum Stamm Gliederfüßler. In der Homöopathie sind die Wirbeltiere meistens durch die entsprechende Milch repräsentiert. Es gibt eine große Gruppe von Gliederfüßlern, die als Spinnen repräsentiert sind. Aus der Ordnung Coleoptera haben wir ein wichtiges Mittel, *Cantharis*. Es gibt ein einziges weiteres Mitglied der Fliegenfamilie in der Materia Medica, das Moskito (*Culex*), dessen Name eigentlich einem Schreibfehler von 'musciodea' entspringt.

Die gewöhnliche Stubenfliege ist ungemein fruchtbar. In einer Saison, gerechnet ab April, kann eine einzige Fliege viermal mehr Nachwuchs produzieren, als es Menschen gibt. Zum Glück ist die Fliege Leibspeise vieler anderer Insekten. Das trifft besonders auf die Spinne zu, ihren natürlichen Feind. Darüber gibt es sogar ein traditionelles Gedicht.

Die Fliege, wie alle Mitglieder der Klasse 'Insekten', hat im Gegensatz zu den Wirbeltieren kein innerliches Knochensystem, ist jedoch durch einen äußeren Stützapparat umschlossen, das sogenannte Exoskelett. Die sogenannten Flügel sind keine echten Gliedmaßen wie bei einem Vogel, sondern eine Art Hautauswuchs aus dem Thorax der vibriert, um das Fliegen zu ermöglichen. Die Flügel müssen ständig gepflegt werden, sonst werden sie funktionsunfähig. Der Kopf der Stubenfliege wird dominiert von zwei großen, aus hunderten von sechseckigen Linsen zusammengesetzten Augen, welche eine frakturierte 360°-Sicht ermöglichen. Zwischen diesen komplexen Augen findet man drei weitere kleinere Augen.

Alle Mitglieder der Muscoidea-Familie, wie der Schmetterling, ein entfernter Cousin, durchlaufen eine komplette Metamorphose. Während die meisten Insekten nur an Größe gewinnen, indem sie von Zeit zu Zeit ihr Exoskelett abstreifen, verwandeln sich Fliegen, Schmetterlinge und Motten völlig magisch von einem Stadium ins nächste: Ei - Raupe - Puppe - Imago.

Aus diesem Grund wurde der Schmetterling als treffliches Symbol für das Verhalten der Seele beim Tod benutzt. Aus welchem Grund auch immer wurde der Stubenfliege diese Eigenschaft nie zugesprochen.

Die Fliege hat sehr spezielle Nahrungsgewohnheiten. Einerseits ist sie fähig, mit ihren Beinen zu schmecken, während sie über die Oberfläche potentieller Nahrung krabbelt. Andererseits hat sie keinen richtigen Mund oder einen Kauapparat und ist daher unfähig, feste Nahrung aufzunehmen. Sie trinkt ihre Nahrung. Sie streckt einen langen, weichen Rüssel aus und erbricht Speichel, der das Material buchstäblich verflüssigt; dann saugt sie alles auf wie mit einem Strohhalm. [Interessanterweise hatten wir entgegen unserer Vermutung keine Symptome im Verdauungstrakt. Wir haben die Idee, dass das so war, weil die Fliege sofort nach dem Schlüpfen potenziert wurde und noch nicht gefressen hatte.]

Die Wissenschaft hat große Fortschritte gemacht, als sie die anthropomorphische Interpretation der Natur hinter sich ließ. Das Gleiche sollte nun auf die Homöopathie ausgedehnt werden. Weder der Natur noch unseren Patienten ist durch eine simple 'zoo-morphische' klinische Einschätzung geholfen. Nur weil jemand unendlich fleißig ist, wegen stechendem Sarkasmus und königlichem Auftreten, ist das kein Grund für die Verschreibung von *Apis mellifica*. Wir müssen stets unsere Intuition in Verbindung bringen mit den Symptomen aus einer Arzneimittelprüfung.

Nichtsdestotrotz wurden durch unsere Prüfung und durch (erste) klinische Erfahrungen ein paar Lebensgewohnheiten der Fliege bestätigt.

1) Anders als die meisten Insekten, die in einem Milieu von trockener Hitze und Luft gedeihen, haben Fliegen einen Bezug zum Feuchten und Erdigen. Wo immer man tierische Feuchtigkeit findet, sind auch Fliegen. Man findet sie massenhaft an Wundrändern und an den Augenlidern aller landwirtschaftlicher Nutztiere. Sie scheinen einen unstillbaren Durst zu haben. Das kommt - wie schon erwähnt - daher, dass sie unfähig sind, Nahrung zu fressen - sie müssen sie trinken. Viele Prüfer träumten von Wasser. 'Wasser' war ein Thema, das in mehrfacher Hinsicht wiederholt auftauchte.

2) Fliegen werden von Süßigkeiten angezogen. Das ist es, was sie auf Fliegenfänger lockt. Mehr als fünf Prüfer hatten Verlangen nach Süßigkeiten, besonders nach Schokolade.

3) Fliegen sind sehr kälteempfindlich. Sie bewegen sich mit sinkender Temperatur langsamer oder fliegen plump gegen Fenster und Wände. Beim ersten Frost 'fallen sie wie Fliegen'. Fast alle Prüfer empfanden eine vermehrte Kälteempfindlichkeit.

4) Alle Insekten sind von einem Exoskelett umschlossen. Sie haben keine echte Haut. Die Fliege hat speziellen Bezug zu Wunden und abgeschürfter Haut. (Einige Fliegenarten vergraben sogar ihre Eier in die Haut lebender Tiere; die Maden ernähren sich vom Fleisch und es bilden sich schreckliche geschwürartige Stellen.) In der Prüfung tauchten viele Hautausschläge auf. *Musca domestica* könnte bei rezidivierenden herpesartigen Ausschlägen indiziert sein.

5) Schmutz, Abfall, verfaulendes Fleisch, Müll und Exkremente - all das ist für die Fliege besonders interessant. Genauso war es bei den Prüfern. Ein Prüfer war der Ansicht, von Müll verfolgt zu werden. Die Thematik von Verrottung und Verfall tauchte auf. 'Perverse' Bilder tauchten im Alltag und in den Träumen auf. Viele Prüfer empfanden Abscheu gegenüber ihrer Umgebung.

6) Wie bereits erwähnt, sind Fliegen unglaublich fruchtbar. Viele Prüfer verspürten vermehrte Libido. Aber Achtung: Die Neigung zu einem bestimmten Geschlecht schien zweideutig zu sein: Homosexualität und Pornographie waren sich wiederholende Themen in der Prüfung und tauchten in Träumen und Vorstellungen auf.

7) Schließlich wurden Fliegen immer mit dem Beelzebub, dem Herrn der Fliegen in Verbindung gebracht. Man sagt, wenn der Teufel unterwegs ist, liegt ein Geruch von Schwefel in der Luft, von etwas Verbranntem oder etwas Verrottetem. Bei einigen Prüfern gab es entweder Geruchsillusionen oder generell vermehrte Geruchsempfindlichkeit.

Die Prüfung:

Als die New York School of Homeopathy beschlossen hatte, eine Arzneimittelprüfung durchzuführen, dehnten wir unsere Kontakte auf eine umfangreichere Gruppe von New Yorker Homöopathen aus, sowohl als Prüfer als auch als Supervisoren.

Warum wählten wir die Stubenfliege? Weil wir die Materia Medica der tierischen Mittel erweitern wollten und weil wir eine sehr gewöhnliche Substanz prüfen wollten. Was ist da besser geeignet als eine Plage, die die Menschheit von Anbeginn belästigt hat? Nach einiger lustiger Fliegenfängerei und -aufbewahrung wurde uns klar, dass eine Larve an Michael Quinn von der Hahnemann Pharmacy geschickt werden sollte, damit sie richtig klassifiziert werden konnte. Als ein Förderer von Prüfungen stellte Michael zuvorkommend 12 Gläschen der C30-Potenz für uns her. (Es sollte angemerkt werden, dass es für Michael keine Möglichkeit gab herauszufinden, ob die Fliege männlich oder weiblich war und wir sind nicht sicher, ob das wichtig ist oder nicht.)

Wir folgten den Richtlinien, die Jeremy Sherr in seinem Buch „Die homöopathische Arzneimittelprüfung - Dynamik und Methode" dargelegt hatte. Wir druckten für Prüfer und Supervisoren getrennte Beurteilungsbögen aus und verteilten sie bei unserem ersten Treffen am 27. Januar 1999. Jeder Prüfer hatte seinen Supervisor und sie wurden gebeten, täglich persönlich miteinander Kontakt aufzunehmen.

Das Mittel wurde am 10. Februar ausgegeben, nachdem zwei Wochen lang in die Journale Einträge gemacht worden waren, um das Befinden vor der Prüfung darzustellen. Jeder Prüfer wurde gebeten, seinen Supervisor nach jeder Dosiseinnahme anzurufen - und ihnen wurde geraten, keine weitere Dosis einzunehmen, falls sie irgendwelche Symptome spürten.

Überflüssig zu sagen: Einige Prüfer nahmen mehr von dem Mittel ein, als sie brauchten ... und vielleicht nahmen einige zu wenig ein. Eine Prüferin nahm das Mittel inmitten einer starken Erkältung; deshalb strichen wir sie, weil es zu schwierig gewesen wäre herauszufinden, welche Symptome zum Mittel gehörten.

Eine andere Prüferin stellte kurz vor der Mittelverteilung fest, dass sie schwanger war - so erlaubten wir ihr, das Mittel nur unters Kopfkissen zu legen.

10 ordentliche Prüfer blieben übrig. Als 'Meisterprüfer', die wir waren, hatte einer von uns Angst, es würden überhaupt keine Symptome auftauchen, jemand anderes wiederum befürchtete Überreaktionen. Die Wahrheit lag - wie meist - in der Mitte.

Wir hatten eine Prüferin, die eine bemerkenswerte Heilung erfuhr bei ihren rheumatischen Arthritisschmerzen. Im anderen Extrem hatten wir einen Prüfer, der schrecklich an Mumps erkrankte.

Beim Hören derartiger Information ist es wichtig, sich an Hahnemann zu erinnern der sinngemäß sagte: „Egal, was die Ergebnisse einer Prüfung sind, allein die Erfahrung bringt uns alle auf eine höhere Stufe von Gesundheit und Bewusstsein. Wir haben nicht nur geholfen, die Materia Medica zu erweitern, sondern jeder Einzelne ist hernach eine gesündere Person."

Allein schon die Selbstbeobachtung, die jemand während einer Prüfung durchläuft, ist ein das Bewusstsein erweiterndes Vergnügen. Daher sollte man nicht eine Art russisches Roulette befürchten, sondern darauf vertrauen, durch die Erfahrung zu wachsen, egal, ob man zeitweise an ungewöhnlichen Symptomen leidet oder nicht. Einige der allgemeinen Reaktionen während der Prüfung waren recht interessant - einige Prüfer wurden zornig auf ihre Supervisoren, und einige empfanden Zorn gegen uns, die Prüfungsleiter.

Ein Prüfer, der anscheinend jeden Moment der Prüfung genossen hatte, wurde richtig wütend, als er erfuhr, dass es sich um eine „groteske Substanz" handelte. Beim abschließenden Treffen sechs Wochen danach gaben alle Prüfer an, sie würden an einer weiteren Prüfung teilnehmen.

Wir beiden Prüfungsleiter schliefen mit dem Mittel unter unserem Kopfkissen und erfuhren heftige Symptome - Robert Stewart nannte es das Gefühl, ein deprimierter *Nux vomica* zu sein. Reizbarkeit spielte bei jedem eine große Rolle.

Wie meistens gab es eine Menge Raterei, welche Substanz geprüft wurde. Nicht überraschenderweise gab es einige recht nahe Vermutungen - ein Prüfer meinte, es wäre eine Küchenschabe, die Frau eines anderen Prüfers vermutete eine Fliege.

Bei der Schlussbesprechung wurde eine Menge geredet über Fäulnis, vergammelnden Müll, Maden, Verwesung, Exkremente, Toiletten, Kloaken, Kanäle und schmutziges Wasser.

Es gab viele Träume von Wasser, das war möglicherweise das häufigste Symptom. Es kamen Seen vor, Meere, Strände: schmutzige, öde Strände, öffentliche Badeanstalten - zwei Prüfer träumten von Szenen am Mittelmeer. Es kamen Gleiten auf Wasser, Schwimmen in Wasser, Fallen ins Wasser und so weiter vor.

Der noch folgende Fall basierte in gewisser Weise auf zahlreichen Wasserträumen in Kombination mit anderen Fliegen-Symptomen. Es gab eine Menge anderer lebhafter Träume; Träume von Tunneln, unterirdischen Häusern, Falltüren, Kellern und Baumwurzeln. Es gab Träume von Verstorbenen, Träume von Feuer, Träume von Häusern und Träume von Schweben, Fliegen und Leichtigkeit.

Ein Prüfer träumte, er wäre mit Exkrementen beschmutzt (Fliegen legen ihre Eier in Exkremente), ein anderer träumte, er wäre ein mit Schlamm oder Öl bedeckter Babyelefant.

Es gab viele sexuelle Träume. Vier unserer Prüfer hatten sich wiederholende sexuelle Träume, einer träumte von Vergewaltigung, drei andere träumten wiederholt von schwulen Männern oder über das Thema Homosexualität.

Es gab Träume, ungesetzliche Dinge zu begehen oder das Opfer eines Verbrechens zu sein. Ein Prüfer träumte auch von Inhaftierung, während zwei von der Polizei und zwei andere von Soldaten träumten.

Unter anderen Gemütssymptomen, die in der Schlussbesprechung zur Sprache gebracht wurden, war eines 'allgemeine Verwirrung'. Das scheint ein prinzipielles Symptom bei Prüfungen zu sein, vielleicht wegen der Selbstbeobachtung und wegen der Erwartungshaltung, Symptome zu entwickeln. Trotzdem, in unserem Fall gab es eine interessante Verwechslung der Geschlechter. Ein kleines Kind, dessen Eltern beide das Mittel genommen hatten, nannte seine Mutter 'Daddy' und seinen Vater 'Mommy'.

Unser verlässlichster Prüfer hatte heftige Empfindungen von lauernder Homosexualität. Er fühlte sich von Männern beobachtet und wähnte sich berührt zu werden und dass sie sich zu ihm hingezogen fühlten. Er gestand eine homophobe Reaktionsweise ein, seiner Überzeugung nach ein für ihn völlig neues Symptom.

Es gab ein ungewöhnliches Anspruchsdenken - drei Prüfer sagten, sie konnten nicht aufhören zu putzen, bis alles an seinem Platz war, was für sie ein definitiv neues Symptom war.

Das andere ausgeprägte Gemütssymptom war das Gefühl von Isolation. Es war ein intensives Gefühl in der Gruppe - eine Prüferin gab an, sie wolle nur per eMail kommunizieren (entgegen unseren Instruktionen). Ein anderer Prüfer stellte die Kommunikation gänzlich ein, was ihn sich komplett isoliert fühlen ließ. Viele drückten diese Empfindung mit ähnlichen Worten aus.

Es muss hinzugefügt werden, dass genau diese Prüfer auch Selbstmitleid empfanden - es ist nicht klar, ob diese zwei Ideen unabhängig von einander existierten oder ob sie sich gegenseitig hochgeschaukelt haben. Die

Empfindung war für uns stark genug, *Musca* für die Rubriken 'bedauert sich' und 'Gefühl der Verlassenheit' vorzuschlagen.

Körperlich war das häufigste Symptom 'Schwere der Extremitäten' (äußerliche Schwere) und für manche eine Schwere abwechselnd mit Leichtigkeit. Mit diesen einher ging eine Ungeschicklichkeit der Extremitäten - sieben von zehn Prüfern empfanden entweder eine oder beide Sensationen. Es gab auch Taubheit der Extremitäten, besonders der Arme.

Und es gab viele Hautausschläge. Jeder Prüfer, der je Herpes hatte, hatte einen Ausbruch während der Prüfung. Die guten Neuigkeiten: Jeder Prüfer durchlebte nach der Prüfung eine ungewohnt lange herpesfreie Zeitspanne. *Musca* ist deutlich ein Mittel für herpesartige Ausschläge, wie der anschließende Fall belegen wird.

Mangel an Lebenswärme und Verlangen nach Schokolade muss erwähnt werden, ebenso eine Art Verstopfung ohne Stuhldrang.

Alle erwähnten körperlichen (und mentalen) Symptome traten bei mindestens vier Prüfern auf und sind daher eindeutig Teil dieser Arznei. Doch was fängt man als Prüfungsleiter mit den Symptomen eines wirklich sensiblen Prüfers an? Nach einigem Hin und Her entschlossen wir uns, jedes einzelne Symptom dieses Prüfers als wertvoll zu beachten. Wir kamen zu dieser Entscheidung, nachdem wir uns ins Gedächtnis gerufen hatten, was Jeremy Sherr über seine spezielle Prüferin gesagt hatte - eine Frau, die fähig war, so nah an das Prüfmittel zu kommen, dass sie praktisch Eins wurde mit dem Mittel. (Seine Beschreibung der Weißkopf-Seeadler-Prüfung war eine sehr eindrucksvolle Erklärung dieses Phänomens.)

Für uns war Prüfer #5 so ein Prüfer: Schon vor der Mitteleinnahme hatte er Sensationen - er roch am Mittel und es roch „wie reife Pfirsiche". Er fühlte sich zu Müll und zum Brackwasser in der U-Bahn hingezogen. Er benutzte ständig eine Sprache wie „von Verwesung und Verrottung umgeben"; er sah Müll „sich bewegen"; de facto sagte er, er glaube, dass es bei dem Mittel um Müll ginge und dass das Mittel zersetze und verderbe. Nach eine Woche Prüfungszeit öffnete er den Umschlagdeckel eines Buchs und es ging um Maden, die Perlen reinigen - und ihm war klar, dass dies wichtig genug war, es in sein Tagebuch zu schreiben. Seine Frau (etwas genervt von all seinen neuen Prüfsymptomen) meinte zu ihm, das Mittel sei eine Seegurke oder eine Fliege.

Er hatte eine Menge Hautausschläge, aber nach der Prüfung hatte er mehr als ein Jahr keinen Herpes und sein Schläfenbein-Kiefergelenk-Syndrom, das ein Jahr bestanden hatte, löste sich vollkommen auf.

Unser 'Magic Prover' fühlte sich „wie ein Tier mit durchbohrenden Augen" und er hatte Visionen von einem toten Eichhörnchen, dem Käfer und Wespen in die eingefallenen Augen krabbelten. Eine Menge anderer Bilder (siehe unten) verfolgten ihn und er war derjenige Prüfer, der viele Ängste und Zwangsgedanken bezüglich Homosexualität hatte.

Jedes einzelne Symptom, das er erwähnte, schien relevant - das war uns bei unserem Treffen klar. Ihm machte die Prüfung Spaß - das konnte man an der Art, wie er seinen Bericht ablieferte, deutlich erkennen. Er schien das Gefühl zu haben, vorübergehend besessen gewesen zu sein und das war für ihn ein interessanter Trip. Es machte ihm Spaß, eine Fliege zu sein.

Bevor wir zu den Rubriken kommen, in die *Musca* eingetragen werden sollte, müssen wir noch die zwei Prüfer an den beiden Extremen der möglichen Reaktionen erwähnen. Prüfer #1 nahm das Mittel ein und wenige Tage erkrankte er ziemlich heftig an Mumps. Hat das Mittel ihm die Mumps gebracht? Das ist so eine interessante Frage - und natürlich eine unbeantwortbare. Zumindest hat das Mittel ihn über den Rand geschubst. Er muss Kontakt zu Mumps gehabt haben (er ist Lehrer) und es ist nicht besonders abwegig zu vermuten, dass das Mittel der Mumps zum Ausbruch verhalf. Hätte er auch ohne Mittel Mumps bekommen? Wir werden es nie wissen.

Dann gibt es noch Prüferin #2, die seit 15 Jahren an heftigen arthritischen Schmerzen gelitten hatte. Auch ihre Rheumafaktoren waren positiv und ihre Hauptbeschwerde bei den Schmerzen war ein Gefühl von Schwere, Müdigkeit und Altsein. Als sie das Mittel eingenommen hatte, nickte sie ein und träumte, dass sie überall in ihrem Haus von Raum zu Raum herumflog. Als sie erwachte, war der Schmerz weg. Im Lauf der Prüfung erfuhr sie wie alle anderen eine Menge Symptome, aber ihre Schmerzen kehrten nie wieder. *Musca* war möglicherweise nicht das Simillimum (ihr Fall ist nicht 'geklärt'), aber es war offensichtlich auf dieser Ebene heilsam.

Eine Arzneimittelprüfung ist eine Reise - eine ehrenhafte Reise für alle Beteiligten. Man sollte sich mit Sorgfalt und Vorsicht einschiffen, aber ohne Angst. Wir hoffen, Mut zu mehr hahnemannischen Prüfungen zu machen, nicht nur, um unsere Materia Medica zu mehren und zu stärken, sondern auch um das Bewusstsein zu mehren und die homöopathische Gemeinschaft zu kräftigen.

Repertoriumsnachträge für *Musca domestica*
von Susan Sonz und Robert Stewart
Die Nummern in Klammern bezeichnen die entsprechenden Prüfer.
[NR] ≈ noch nicht im Repertorium, neue Rubrik einrichten!

Gemüt

- Angst (#6, #8)
- Bedauert sich (#1, #2, #3, #9)
- Gedächtnis, Gedächtnisschwäche (#7)
- Gedächtnis, Gedächtnisschwäche, Eigennamen, für (#7, 3mal)
- Gedächtnis, Gedächtnisschwäche, Worte, für (#5)
- Heikel, pingelig (#3, #6, #9)
- Ruhe, kann nicht ruhen, wenn Dinge nicht am richtigen Platz sind (?)
- Traurigkeit (#3, #5, #7)
- Vergesslich (#4, #8, #9)
- Verlassen zu sein, Gefühl (#1, #2, #3)
- Verlassen zu sein, Gefühl, Isolation, Gefühl der (#1, #2, #9)
- Verwirrung, geistige (#1, #4, #7, #8, #9)
- Verwirrung, geistige, Identität, in bezug auf seine, sexuelle Identität (#5, #6, #8, #10)
- Wahnideen, beobachtet, sie würde (#5)
- Wahnideen, gekratzt, wird von 1000 Fingern gekratzt[NR] (#8)
- Weinen (#3, #7)

Träume

- Ekelhaft (#5, #9)
- Erotisch (#2, #5, #7, #8)
- Erotisch, heftig[NR] (#2, #5, #7, #8)
- Erotisch, homosexuell[NR] (#3, #5, #9; wiederholte Träume)
- Exkremente (#5; viele Prüfer benutzen das Wort 'Scheiße')
- Fallen, zu stürzen, zu (#8)
- Fallen, zu stürzen, zu, Wasser, ins (#9)
- Fäulnis, Verrottung etc.[NR] (#3, #5, wiederholte Träume)
- Feuer (#6, #8, #9)
- Fliegen (#2)
- Gefahr (#3, #6, #8, #9)

- Gras[NR] (#6, #9)
- Häuser (#2, #5, #7)
- Mittelmeer[NR] (#3, #5, #9)
- Polizei (#5, #6)
- Schmutz (#5)
- Schweben, zu (#2)
- Schwimmen (#5, #6)
- Sittenverfall[NR] (#2, #5)
- Soldat (#5, #7)
- Strand[NR] (#2, #5, wiederholte Träume)
- Toiletten, Kanal etc.[NR] (#5, #8, #9)
- Troll[NR] (#3)
- Tunnel[NR] (#6, #9)
- Wasser (#5, #6, #8, #9; wiederholte Träume)
- Wasser, Menschen schwimmen im Wasser[NR] (#5, #6)
- Wasser, schlammiges, trübes[NR] (#5)

Allgemeines

- Hitze, Lebenswärme, Mangel an (#6, #7, #8, #9)
- Schwäche (fast alle Prüfer)
- Schweregefühl, äußerlich (#1, #2, #4, #5, #6)
- Schweregefühl, innerlich, abwechselnd mit Leichtigkeit[NR] (#2, #3)
- Speisen und Getränke, Käse, agg. (#5)
- Speisen und Getränke, Käse, Verlangen (#5)
- Speisen und Getränke, saure Speisen, Säuren, Verlangen (#2, #9)
- Speisen und Getränke, Schokolade, Verlangen (#3, #4, #7, #9)
- Speisen und Getränke, Wasser, Abneigung (#5)

Sehen

- Insekt, ein Insekt fliegt im peripheren Sichtfeld[NR] (#7)

Gesicht

- Entzündung, Parotis (#1)
- Entzündung, Parotis, Mumps, begleitet von, Speichelfluß (#1)
- Hautausschläge, Stirn (#5; anhaltendes neues Symptom)

- Hautausschläge, Herpes, Lippen (#3, #5, #8)
- Hautausschläge, Herpes, Lippen, Unterlippe (#5, #8)
- Hautausschläge, Herpes, Mund, Mundwinkel (#6)

Mund

- Bluten, Zahnfleisch (#7, #9)

Rektum

- Obstipation (#4, #5, #7, #9)
- Obstipation, Stuhl, bleibt lange im Rektum, ohne Stuhldrang (?)

♂ *Genitalien*

- Schmerz - zwickend, Hoden (#5)
- Sexuelles Verlangen, vermehrt (#5)

♀ *Genitalien*

- Hautausschläge, herpetisch (#3, #6)
- Menses, braun (#4, neues Symptom)
- Menses, intermittierend (#4, #9)
- Menses, reichlich (#4, neues Symptom)
- Menses, schmerzhaft (#4)
- Schmerz, scharf, Muttermund (#9)
- Schmerz, scharf, Ovarien, links (#4, neues Symptom)
- Sexuelles Verlangen, vermehrt (#2, #6, #9)

Brust

- Schmerz, Mammae, Menses, vor (#4, neues Symptom)
- Schmerz, Mammae, Brustwarzen (#5, ♂)
- Schwellung, Mammae, Menses, vor (#4, neues Symptom)

Rücken

- Lücke, als sei eine Lücke im Rücken, als sei der Rücken getrennt[NR] (#5)

Extremitäten

- Gefühllosigkeit, Taubheit (#4, #8, #9)
- Gefühllosigkeit, Taubheit, Arme (#4, #9)
- Schmerz (viele kleine Symptome berichtet)
- Ungeschicklichkeit (#2, #3, #5, #7)

Haut

- Hautausschläge (#3, #5, #6, #7, #8)
- Hautausschläge, Herpes (#3, #5, #6, #7, #8)

Schwer ins Repertorium zu übertragen war Folgendes:

Prüfer #4 hatte kurz vor der Mitteleinnahme das Bild vor sich, Krusten zu piddeln bis zum Bluten.

Prüfer #7 empfand: „Das ist der Geist eines Insekts oder Nagetiers."

Prüfer #9 sagte: „Das Leben ist hoffnungslos blöd."

Das Wort 'Scheiße' wurde oft von den Prüfern #1, #2 und #3 benutzt.

Prüfer #1 sagte: „Es ist wie eine Auferstehung von den Toten" nach seiner Mumps und: „Ich habe das Gefühl, eine Metamorphose durchlaufen zu haben."

Prüfer #1 sah kaleidoskopartige Bilder.

Es gab Probleme mit dem Auto: Schlüsselverwechslungen, im Auto eingeschlossene Schlüssel, das Auto geriet von der Fahrbahn (#3, #6, #8).

Viele seltsame oder sexuell perverse Gedanken.

Prüfer #5 war unser 'Magic Prover': Beachten Sie seine unter 'words of provers' gelisteten Symptome!

Möglicherweise geheilte Symptome:

Ein Schläfenbein-Kiefergelenk-Syndrom verschwand, das seit einem Jahr bestanden hatte (Prüfer #1).

Rheumatoide Arthritis mit mehr als 10 Jahren Schmerzen (Prüferin #2).

Eine ganze Anzahl herpesartiger Ausschläge verschwanden für mindestens sechs Monate.

WORDS OF PROVERS - MUSCA DOMESTICA
von Susan Sonz und Robert Stewart
[Gemüts- und Traumsymptome; Tag 00 ist der erste Tag der Mitteleinnahme.]

Gemüt

Prüfer #1, ♂:

[Anmerkung: Wir sind der Ansicht, dass das Prüfmittel mit dem Ausbruch der Mumps bei Prüfer #1 in Zusammenhang stand; ⇨ *Culex.*]

01 Ich habe wellenartige Empfindungen.
03 Meine Gedanken sind in schneller Bewegung (vor der Mumps).
03 Ich habe heute viel geflucht.
04 Ich habe ein Kaleidoskop von Bildern im Kopf (vor der Mumps).
04 Ich rede, aber ich habe das Gefühl, ich schlafe.
04 Ich war heute in der U-Bahn verwirrt.
04 Ich fühle mich verlassen und wie ohne Freunde.
05 Ich habe Angst, meine Schwäche zu zeigen.
05 Ich musste den ganzen Tag die Scheiße anderer Leute schlucken.
05 Ich meine, ich kümmere mich um jeden und keiner kümmert sich um mich.
05 Ich könnte im Bett in meiner eigenen Scheiße und Pisse liegen und an meinem Speichel ersticken und niemand würde sich um mich kümmern.
05 Ich bin froh, dass ich krank bin und mein Supervisor sich um mich kümmern muss.
08 Ich habe das Gefühl, eine Metamorphose durchlaufen zu haben (während der Mumps).
13 Es ist wie eine Auferstehung von den Toten (nach der Erholung von der Mumps).

Prüferin #2, ♀:

[Anmerkung: Wir sind der Ansicht, dass das Prüfmittel für Prüfer #2 ein Heilmittel war - rheumatoide Arthritis.]

00 Nachdem ich die zweite Dosis eingenommen hatte, legte ich mich für ein Nickerchen hin. Ich hatte einen Traum, in dem ich sehr leicht wurde - ich flog in meinem Haus von Zimmer zu Zimmer und schaute auf meinen Mann herab. Ich fühlte mich leicht und jung. Als ich erwachte, war ich zum ersten Mal seit 15 Jahren schmerzfrei.
00 Das Wehe und die Schwere und die Schmerzen sind verschwunden.
00 Ich fühle mich jünger und glücklicher.
01 Ich fühle mich 500 Pfund leichter.
01 Ich fühle mich stark, voller Selbstvertrauen und entschlossen/bejahend.
01 Ich fühle mich klar und fokussiert.
02 All meine Zweifel sind verschwunden, ich bin richtig peppig.
03 Ich fühle mich nicht mehr ganz so leicht, aber immer noch gut.
03 Heute habe ich eine Menge geflucht.
04 Ich bin ein lebender Katalysator; ich helfe anderen, ihre Ziele zu erreichen, aber ich tue dasselbe nicht für mich selbst.
04 Ich bin ärgerlich über eine Verletzung in der Vergangenheit.
08 Ich fühle mich so schwach - ich kann mich nicht bewegen.
08 Ich möchte mich umbringen.
09 Ich habe Schuldgefühle, weil ich meinen Neffen angeschrien habe.
10 Ich bin müde, habe Schuldgefühle, hasse mich selbst und möchte mich umbringen.
24 Ich fühle mich, als hätte man mir etwas eingeflößt oder mich gelähmt, aber mein Gehirn funktioniert noch.
25 Ich fühle mich wie ein Flugzeug, das abgestürzt ist.
26 Ich habe keine Freunde, aber höre mir jedermanns Kram an.
29 Ich meine, ich hätte Krebs.

[Prüferin #2 nahm unter Aufsicht das Mittel die letzten drei Jahre über ein. Ihre ehemals 15 Jahre lang konstanten Schmerzen kehrten niemals mehr wieder. Im Moment läuft sie gut unter *Cantharis*.]

Prüferin #3, ♀:

00 Keiner hört mir zu. [Weint.]
01 Beim Aufwachen bin ich groggy.
01 Ich fühle mich fehl am Platze.
03 Training lässt mein Inneres singen - all meine körperliche Schwere, das Versumpfte, die Plackerei ist besser.
04 Ich muss mein Haus komplett putzen.
04 Ich fühle mich männlicher, obwohl ich weiblicher sein möchte. Trotzdem empfinde ich, dass die Männlichkeit mich ein Stück nach vorn gebracht hat.
05 Ich muss mich an Scheiße erinnern.
08 Ich fühle mich schwer.
15 Ich fühle mich hoffnungslos.
15 Ich fühle mich suizidal.

Prüferin #4, ♀:

[Vor der Einnahme hatte sie das Bild vor sich, an einer Wunde zu piddeln, bis sie blutete.]

00 Ich habe eine Taubheit in meinem Oberkörper.
00 Ich habe vermehrte Energie nach der dritten Dosis.
01 Ich kann es nicht fassen, ich habe verschlafen! Dabei hätte ich heute Morgen zeitig aufstehen müssen!!!
02 Ich fühlte mich ungewöhnlich ruhig, als ich mit meiner Mutter essen war.
04 Ich habe einen dumpfen Spannungskopfschmerz wie nach zu viel Koffein.
04 Ich fühle mich schwanger.
09 Mein Körper ist tot.
09 Ich bin heute ungewöhnlich vergesslich.
11 Ich habe eine schreckliche Grippe - ich fühle mich krank, krank, krank.
16 Ich kehre voll Verdruss zu meinem langweiligen, angenehmen Leben zurück - jetzt, da die Prüfung vorbei ist.

Prüfer #5, σ:

[Vor der Einnahme der ersten Dosis roch Prüfer #5 an dem Fläschchen und stellte fest: „Es roch wie gerade gereifte Pfirsiche."]

00	Ich empfand eine Art Sittenverfall zwischen zwei schwulen Männern.
00	Ich machte einen Satz, als ich Müllsäcke sich in einem fahrbaren Müllcontainer bewegen sah.
00	Das Wasser an meinem Handgelenk sieht aus wie viele Augen.
00	Die Baumwolle meines Mantels sieht aus wie ein Nest von Insekten oder von Fischeiern.
00	Ein Mann in der U-Bahn streifte mich und ich fühlte mich schmierig und verunreinigt.
00	Ein Mitarbeiter fragte mich, ob ich zum Frühstück Crack genommen hätte.
00	Ich schreckte zurück, als meine Frau mir gegenüber gestikulierte, weil ich dachte, sie schlägt nach mir.
00	Ich beobachte mich dabei, über Italienisches nachzudenken - ich traf einen italienischen Freund und später fiel mir eine italienische Frisur auf.
00	Ich fühle mich im Ungleichgewicht - ich musste mich heute an einer Wand festhalten.
00	Es war wie ein Begeisterungstaumel von den Händen einer Shiva, als ich mein Gesicht abspülte.
01	Heute Morgen sah ich Hunderte von Augen in meinem Seifenschaum.
01	Ich fühle mich beobachtet.
01	Ich denke, das Mittel kommt aus der Erde - zersetzend und verfaulend.
01	Ich empfand aggressive Missachtung gegenüber einer alten Frau.
01	Ich sah einen Transvestiten und konnte ihn vor Scham nicht ansehen.
01	Ich hatte das zwanghafte Bedürfnis, Sachen zu kaufen.
01	Ich bin eingekreist von Verrottung und Zerfall.
02	Ich fühle mich außerhalb meines Körpers.
03	Das Wort 'Müll' kommt mir ständig in den Sinn.
03	Ich möchte nicht mit meinem Supervisor reden; ich möchte mich nicht entblößen.
03	Ich hatte die Vision, in der Grande Armee zu sein und bei meiner Rückkehr aus Russland an Cholera zu sterben.
04	Ich hatte die Vorstellung von einem toten Eichhörnchen und Käfern und Wespen, die in seine leeren zusammengefallenen Augen krochen.

04	Ich fühle mich wie Kacke, innerlich verfault und verrottet; ich könnte weinen.
05	Ich muss in Leute hineinschauen, denn ein Teil von mir ist da drinnen.
05	Meine Frau meint, das Mittel ist eine Seegurke oder eine Fliege.
05	Ich glaubte auf dem U-Bahnsteig, sich jemanden räuspern zu hören, aber es war niemand da.
06	Ich bemerkte heute zweimal, dass mein Hosenschlitz (amerik: 'fly') offen war.
06	Ich fühle mich ölig und schmierig.
06	Ich stolperte heute zweimal die U-Bahn-Treppenstufen hinunter.
06	Ich wollte nicht, dass meine Frau arbeiten geht, weil ich Angst hatte, sie stirbt.
09	Ich habe Angst, meine Frau geht von mir.
09	Ich will bei meiner Frau sein und sie beschützen.
09	Die Prüfung scheint mir schon drei Leben lang zu dauern, aber im Namen der Homöopathie muss ich weitermachen.
10	Als ich den Einband eines neuen Buchs aufschlug, wurde dort beschrieben, wie Maden Perlen reinigen.
10	Ich fühle mich zu dem Brackwasser zwischen den U-Bahn-Gleisen hingezogen.
11	Ich möchte den Leuten aus dem Weg gehen - daher fühle ich mich wie ein Tier und meine Augen durchbohren die komplette Umgebung.
12	Ich würde gern Urlaub machen - so könnte ich meinem Supervisor ausweichen.
13	Heute fühle ich mich äußerst gestresst.
21	Ich glaube, bei dieser Prüfung geht es um Müll.

Prüferin #6, ♀:

01	Ich hatte Angst, einen Autounfall zu haben.
02	Mein Sohn nannte mich heute 'Daddy'. [Sie ist seine Mutter.]
08	Ich habe heute ein heftiges Bedürfnis zur Selbstbefriedigung.
10	Ich bin von Details überwältigt.
18	Heute putze ich ganz spontan.
19	Ich empfinde Angst in meiner Magengrube - „Was soll das alles?"

Prüfer #7, ♂:

01 Meine Frau sagt, ich bin ruhig und nachdenklich.
02 Ich kann es nicht fassen, dass ich dieses Mittel einnehme - es ist der Geist eines Insekts oder eines Nagetiers.
15 Die meiste Zeit bin ich verwirrt - ich habe heute den Namen einer sehr wichtigen Person vergessen.
17 Ich habe den Namen eines Freundes vergessen, den ich schon mein Leben lang kenne.
23 Ich bin so traurig; vorm Schlafengehen heute Abend habe ich geweint.

Prüferin #8, ♀:

00 Ich kann meine Gedanken nicht ordnen.
03 Ich hatte einen Aussetzer und fuhr bei Rot los.
03 Ich habe meine Autoschlüssel vergessen.
13 Ich habe keine Motivation zu arbeiten oder zu spielen.
13 Ich habe so schlimme Angst - es ist wie ein Vorhang oder ein Irrgarten.
14 Ich meine, tausend Finger kratzen mich am ganzen Körper.
26 Wieder bin ich durcheinander - ich habe versucht, die Haustür mit dem Autoschlüssel zu öffnen und mein Auto mit dem Haustürschlüssel.
27 Ich bin durcheinander - ich ging ins Klo statt ins Bad.
28 Heute schon wieder: Ich ließ die Schlüssel im Auto und schloss die Türen, während es noch lief.

Prüferin #9, ♀:

02 Das Leben ist hoffnungslos blöd.
02 Ich fühle mich von jedem weit weg.
03 Ich bin sehr empfindlich gegen Lärm und Luftverschmutzung.
03 Ich half meinem Freund umziehen und hatte das Gefühl, ausgenutzt worden zu sein.
04 Ich fühle mich nervös; ich bin sehr gereizt durch schrille Geräusche.
04 Ich habe einen starken Drang zum Putzen.
04 Ich hatte vergessen, dass der Backofen schon stundenlang an war.
05 Ich bin sehr empfindlich gegen Lärm.

05 Ich nörgle ständig an meinen Kindern herum.
07 Die Menschen in der U-Bahn erscheinen mir jung und schön.
07 Ich habe Paranoia vor den schwarzen Männern in der U-Bahn.
08 Ich habe mein Haus vollständig geputzt.
11 Mein Leben ist elend - eine Einbahnstraße.
11 Meine Isolation ist absolut - es ist egal, ob ich hier bin oder nicht.
11 Ich habe Verlangen nach Heiterkeit, Zärtlichkeit und Vertrautheit.
12 Ich befürchtete, der Mann in der U-Bahn mit dem Regenmantel würde mir Blicke zuwerfen.

Träume

Prüferin #2, ♀:

00 Nachdem ich die zweite Dosis eingenommen hatte, legte ich mich für ein Nickerchen hin. Ich hatte einen Traum, in dem ich sehr leicht wurde - ich flog in meinem Haus von Zimmer zu Zimmer und schaute auf meinen Mann herab. Ich fühlte mich leicht und jung. Als ich erwachte, war ich zum ersten Mal seit 15 Jahren schmerzfrei.
00 Ich träumte auch, ich würde auf dem Rücken eines Mannes fliegen oder gleiten.
00 Ich bin ein weißer Geist und schwebe durch ein altes Haus. Ich hatte das Gefühl zu träumen und gleichzeitig war ich wach.
01 Ich bin ein Soldat und reite auf einem Pferd am Strand. Dabei schaue ich auf ein Haus unter Wasser.
01 Ich bin in Urlaub. Ich trage rote Kleider und sehe aus wie eine Prostituierte.
03 Ich träumte, ich war in Italien am Strand. Ich fühlte mich jung und leicht.
03 Ich träumte, ich war in Italien und hatte nur ein Badetuch um mich gewickelt. Ich war zusammen mit alten Freunden und meiner Familie. Dort waren Labrador-Retriever mit hellem Fell und einer davon war blind.
03 Ich lebte zusammen mit einigen jungen Frauen; aber eine davon kann ich nicht ausstehen.

Prüferin #3, ♀:

00 Ich war eine Troll-Frau mit leuchtend roten Haaren. Affen brachten sich fluchtartig in sicheren Abstand.
03 Ich träumte von wilden Pferden.
03 Ich träumte von spanischen Mädchen mit wunderschönen blauen Augen. Ich liebkoste sie.
03 Ich traf zufällig meinen Ex-Freund und eine andere Frau. Ich erwachte und fühlte mich einsam und war traurig wegen all des Verletzenden, was ich ihm gegenüber empfunden hatte.
12 Ich bin in einer Nudistenkolonie; dort sind lauter Menschen mit fetten, hängenden, fleischigen Körpern. Da ist ein 'Untersucher', der damit droht, meine Menstruation auszutrocknen und mich in ein altes Weib zu verwandeln.
28 Ich heirate und ein schwuler Freund kommt zu meiner Hochzeit. Ich freue mich, ihn zu sehen.

Prüferin #4, ♀:

05 In den Fahrstühlen und auf den Rolltreppen waren Monster. Die Monster saugten die Leute aus - viele starben.

Prüfer #5, ♂:

01 Ich bin in einer grünen, terassenartig angelegten Stadt. Meine Frau bekellnert unterwürfig ihre Freunde und einige gefräßige schwule Männer. Plötzlich wurde mir bewusst, wie sehr mich ihre Fehlgeburt berührte.
01 Ein Baby - es ist richtig krank. Man kann sich entscheiden zwischen 'Center für Gesundheitskrisen schwuler Männer' und 'Pilger'.
02 Ich bin in einem Hohlraum auf einem Floß im Meer. Die 'guten' Revolutionäre beschießen die 'bösen' Jungs mit Maschinenpistolen, bis sie durch die Kugeln liquidiert sind.
03 Ich muss scheißen - so hocke ich mich hinter einen Eisenbahnsitz und erledige mein Geschäft in einen Kaffeefilter. Ich tue ihn in meine Unterwäsche hinein. Ein alter Freund und seine Freundin kommen vorbei. Sie sind Pornostars und sagen mir, ich solle gucken kommen. Ich empfinde Widerwillen gegen derart schmutzige Sexualität.

03 Ich begebe mich mit meiner Frau an einen Strand in Griechenland. Polizisten sind hinter uns her und wollen abklären, warum wir hier sind; sie bedrohen uns und wollen Schmiergeld.
06 Ich kaufe ein Haus mit toller Eichenausstattung und teuren Kellern. Ein Flügel besteht ausschließlich aus frisch gekachelten Bädern. Kostet das Haus 35.000 $ oder 350.000 $?
08 Ich bin mit meinem Supervisor auf einer Ranch in den Tropen; wir machen Bilder von jungen Drogensüchtigen. Es ist auch ein schmieriger Filmproduzent dort, der einen Film dreht.
11 Ich bin mit Susan Sonz und Robert Stewart (den Prüfungsleitern) und meiner Supervisorin zusammen und wir arbeiten an einem Fließband.
12 Ich träume, ich bin mit meiner Frau am Strand. Ich erwache mit einem plötzlichen sexuellen Verlangen - aber meine Frau weist mich zurück. Daher schlafe ich wieder ein und träume wieder, am selben Strand zu sein.
13 Ich bin in einer entvölkerten Industriestadt. Ich gehe in ein altes Haus - es ist herabgewirtschaftet. Auf dem Boden sind Katzen. Ich mache einige Hotdogs zu essen und sie verwandeln sich in Maden.
14 Ich träumte, dass ein alter Freund meiner Supervisorin verrückt geworden war - sie war tränenüberströmt.
21 Mein Vater wurde von einem Hai gefressen.

Prüferin #6, ♀:

02 Ich bin in einer GmbH. Ich muss eine Arbeit am Küchenboden erledigen. Dort ist so viel Blut - ich bin überwältigt davon.
03 Ich bin in einer Kirche, neben einer Kirchenbank, mit einem Mann, der ein Kind vergewaltigt und umgebracht hat. Ich ziehe mein Scheckbuch.
04 Ein Boot brannte auf dem Wasser.
04 Die Polizei wurde auf uns aufmerksam.
04 Ich träumte schon wieder von einer GmbH - aber Ally McBeal konnte sie nicht für mich kaufen.
05 Ich bin in einer Show im Colliseum. In der Show kommen drei große Goldfische vor.
08 Ich bin in einem großen gläsernen Gebäude, das aus dem Wasser ragt. Ich gehe schwimmen.

11	Ich träumte von meiner verstorbenen Mutter.
12	Ich suche eine Dusche. Ich gehe in den Duschraum für Männer. Sie sind ziemlich aufgebracht und bedrohen mich.
13	Ich träumte, ich war in einem Boot auf dem Meer.
15	Ich träumte, ich saß auf feuchtem Weideland.
19	Ich muss ein Tunnelsystem durchwandern, um in ein Kino zu gelangen.

Prüfer #7, ♂:

02	Ich repariere ein altes Haus. Ich lege im Bad Kacheln.
03	Bomben fallen vom Himmel. Soldaten greifen an und werfen Bomben.
09	Ich sehe meine Frau mit einem jungen Mann. Ich fühle mich betrogen.

Prüferin #8, ♀:

01	Ich lebe auf einer Insel. Oben auf einem Balkon sehe ich ein paar Leute. Einige von ihnen fallen herunter und werden in den Gitterrost eines Kanalrohrs gesaugt. Zwei Freundinnen fahren mit einem alten Auto weg, um eine Fähre zu nehmen. Ich hörte, dass der Wagen Feuer gefangen hatte und die Frauen verbrannten.
01	Mein Sohn steckt kopfüber in einer Toilette.
01	Ein Gangster, aus einfachen Verhältnissen stammend, will mich für einen „Intelligenz"-Job anwerben.
01	Ich träumte von einem alten Freund, der vor drei Jahren gestorben ist.
01	Ich habe einen sehr erotischen Traum und einen heftigen Orgasmus.
03	Ich ging zu Nonnen, um sie etwas zu fragen. Die Oberin ist sehr mürrisch und wenig hilfsbereit.

Prüfer #10, ♂:

00	Ich träumte von einem hässlichen schwarzen Hund.
00	Ich verführe eine Frau und meine Frau kommt herein. Ich habe Angst, die andere Frau betrogen zu haben, weil ich ihr nicht erzählt habe, dass ich verheiratet bin.
00	Ich stehe vor einem Urinal. Der Mann neben mir sagt, ich hätte einen sehr großen Penis und fragt, ob er ihn berühren darf. Ich stelle fest, dass der ganze Toilettenraum voller Perverser ist.

00	Ich bin in einem großen Stadion, wo ein seltsames, 'Lacrosse'-artiges Spiel auf gemähtem Rasen gespielt wird. Der Ball ist ein großes flaches Kissen. Ich stelle fest, dass ich barfuß bin, und suche nach meinen Stiefeln. ['Lacrosse' ist eine Art Feldhockey mit Netzschlägern und einem tennisballgroßen Hartgummiball als Puck.]
00	Ich bin allein in einem Büro mit einer attraktiven Frau. Ich mache das Licht aus - doch dann kommen alle anderen zurück.
01	Ich träumte von jemandem mit einem großen Tumor auf der rechten Schulter.
21	Ich schaue von einer erhöhten Stelle nach unten. Eine große Menge Leute schwimmt in einem See und ich mache mir Sorgen, sie könnten ertrinken.
27	Meine Frau ruft nach mir: 'Wo bist du?' Ich habe große Angst um meine Familie.
27	Ich träumte, unterirdisch einen Tunnel zu graben.
27	Ich sah einen schwarzen Klumpen einer öligen Substanz.
27	Ich bin allein in einem großen Haus. Ich gehe nach draußen. Ich bin beunruhigt wegen eines Aufstands von schwarzen Amerikanern. Ein Haus steht in Flammen - daher schaue ich mich nach einem Wasserschlauch um.

Susan Sonz, CCH, ist Direktorin und Ausbildungsleiterin an der New York Luminous School of Homeopathy. Sie lebt und arbeitet in New York City, wo sie die Prüfung der Stubenfliege *Musca domestica* mitleitete und des Seepferdchens *Hippocampus kuda*. Kontakt: faculty@nyhomeopathy.com.

Susan Sonz
158 Franklin Street
New York City
NY 10013
℡ 212-925-4623

Robert Stewart, RSHom(NA), CCH betreibt eine Zwei-Küsten-, Zwei-Hemisphären- und Zwei-Kontinente-Praxis in Kalifornien, New York und Ecuador. Kontakt: stewartrobt@aol.com.

Anmerkungen zur homöopathischen Kontaktprüfung

Bei einer homöopathischen Kontaktprüfung wird die Arznei im Gegensatz zu einer Einnahmeprüfung nicht oral eingenommen, sondern der Prüfer hat lediglich Kontakt mit dem Prüfmittel. Dies geschieht in der Regel durch Legen des Mittels ins Kopfkissen für eine oder mehrere Nächte oder durch Tragen des Mittels am Körper.

Symptomenaufnahme und -notierung erfolgen wie bei einer Einnahmeprüfung. Es werden aber nur Symptome vom Tag/der Nacht des Kontakts notiert.

Vor- und Nachteile einer Kontaktprüfung gegenüber einer konventionellen Arzneimittelprüfung.

Zuverlässigkeit. Die Zuverlässigkeit der in einer Kontaktprüfung gewonnenen Symptome erscheint dem mit dieser Art der Arzneimittelprüfung nicht Vertrauten zweifelhaft (wie einem Nicht-homöopathen die Heilkraft immaterieller Dosen - mit Recht - zweifelhaft erscheint). Aus persönlicher Erfahrung kann ich sagen: Ich habe in den letzten Jahren bisher etwa 20 solcher Kontaktprüfungen durchgeführt. Rein nach den Symptomen/Themen, die sich aus diesen Prüfungen ergaben, sind inzwischen zu mehreren der geprüften Mittel ein bis maximal vier erfolgreiche Verschreibungen erfolgt: Es gibt von daher keinen Zweifel an der Zuverlässigkeit der Symptome, die sich in einer Kontaktprüfung ergeben haben.

Die Symptome, die bei einer Kontaktprüfung gewertet werden, stammen aus der Zeit des unmittelbaren Kontakts mit der Arznei bis maximal 24 Stunden danach. Ähnlich sicher im zeitlichen Kontext ist eine Einnahmeprüfung mit Q-Potenzen. Gleiches gilt für Arzneimittelprüfungen mit einer initialen Dosis in den ersten Tagen nach der Einnahme. Je mehr Zeit verstreicht, desto unsicherer werden die Symptome, direkte Symptome ('Erstwirkung') verwischen sich mit „Gegenwirkungen des lebenden Organism", zudem schleichen sich mehr und mehr occasionnelle Symptome ein. Ob ein Traum vier Wochen nach einer *C30* noch zur AMP gehört, ist mehr als fraglich. Ältere amerikanische Prüfungen, in denen nach 20 Tropfen Urtinktur monatelang Symptome notiert und als der

Arznei zugehörig definiert wurden, sind genauso unsicher (trotzdem aber nicht prinzipiell zu verwerfen, sondern genau zu prüfen).

Effizienz. Der offensichtlichste Vorteil einer Kontaktprüfung ist ihre Effizienz. Ein Mittel wird an eine Prüfgruppe von etwa 10 bis 20 Personen verteilt. Sie führen die Prüfung durch und notieren ihre Träume und Symptome. Schon nach wenigen Tagen kann das Material zusammengetragen, thematisch geordnet und in der Art eines Inhaltsverzeichnisses in Repertoriumsrubriken systematisiert werden. Eine homöopathische Einnahmeprüfung hingegen erfordert wochen- und monatelange Koordination und Arbeit. Dem gegenüber steht das Risiko, dass in den nächsten fünf Jahren zu dem neu geprüften Mittel überhaupt kein Patient in der eigenen Praxis einläuft (oder zumindest nur wenige). Das vermeintliche Erkennen und die Verschreibung des gerade neu geprüften Mittels bei Dutzenden von Patienten ist blauäugig bis verantwortungslos. Durch eine Publikation der Arzneimittelprüfung relativiert sich allerdings das ungünstige Verhältnis zwischen Arbeitsaufwand und der Zahl der erfolgreichen Verschreibungen.

Symptomenmaterial. Das bei einer Kontaktprüfung gewonnene Material (zumal, wenn sie als 'Kopfkissenprüfung' durchgeführt wurde) besteht hauptsächlich aus Träumen. Körpersymptome tauchen nur schwerpunktmäßig auf. Es handelt sich dabei nur zum Teil um ein objektives Verteilungsmuster, zum Teil hängt es auch von der Aufmerksamkeit der Prüfer ab. Werden die Prüfer aufgefordert, auf ihre körperlichen Symptome und Gemütsveränderungen tagsüber zu achten, ergeben sich auch hier nicht wenige Symptome. Bei einer Einnahmeprüfung über mehrere Wochen ist die Symptomenfülle deutlich größer und hier liegt auch der große Vorteil dieser Prüfungsart. Eine Einnahmeprüfung sollte nur mit Tagebuch und/oder Einzelsupervision erfolgen - damit wird die Wahrnehmung geschärft. 'Keine Symptome' wird dann zur Ausnahme.

Verträglichkeit. Bei einer Kontaktprüfung klingen in der Regel die Prüfsymptome nach Entfernen des Mittels ab. Nachwirkungen über ein bis zwei Tage sind nicht selten. In Ausnahmefällen wird eine Nachwirkungszeit bis zu zwei Wochen berichtet. Bei Einnahmeprüfungen einer oder mehrerer Initialdosen halten die Symptome tage- bis wochenlang an. Bei mehrfacher Dosis oder Prüfung mit Q-Potenzen besteht zudem die

Gefahr einer Überdosierung mit noch viel länger anhaltenden Veränderungen. Viele Homöopathen, die mehrmals im Jahr ein Arzneimittel prüfen, bevorzugen inzwischen den Modus 'Kontaktprüfung' wegen der besseren Verträglichkeit.

Rechtliche Lage. Obwohl paradoxerweise nach Meinung der Lehrmedizin homöopathische Mittel in höheren Potenzen 'Nichts' enthalten, gab/gibt es weltweit Bemühungen, homöopathische Arzneimittelprüfungen der klinischen Prüfung eines konventionellen, allopathischen Arzneimittels rechtlich gleichzusetzen und sie ähnlich strengen Prüfungsauflagen zu unterwerfen. Durch Umdefinieren einer AMP zu einem Arzneimittel-Selbstversuch lässt sich diese Klippe umschiffen. Arzneimittelprüfungen lediglich durch Kontakt dürften rechtlich absolut nicht angreifbar sei.

* * *

Umgang mit Traumprüfungen

Träume zählen allgemein zu den besten Prüfungssymptomen: Sie haben Tiefe und sie sind sehr individuell. Sie können oft detailliert wiedergegeben werden (Tipp: Diktiergerät ans Bett!) und lassen sich kaum 'verfälschen': Gemütssymptome können durch zu viel Ego der Prüfer (besonders in neueren Prüfungen nicht selten der Fall) verzerrt werden. Körpersymptome helfen bei einer Verschreibung in der Regel nur dann weiter, wenn sie sehr individuell beschrieben sind, was leider selten der Fall ist.

Das in Traumprüfungen gewonnene Material ist meist sehr umfangreich. Die Hauptschwierigkeit besteht darin, es zu sichten und für die Praxis verwertbar zu machen.

Genau wie bei den körperlichen Symptomen einer Prüfung taucht auch in den Träumen der Prüfer neben Bekanntem völlig Unbekanntes auf. In Inhalt und Art absolut neuartige Träume lassen sich zuverlässig der geprüften Arznei zuordnen. Mit Träumen/Traummotiven, die dem Prüfer in ihrer Art bekannt sind, muss vorsichtiger umgegangen werden. Die Arznei prägt nicht selten einem bekannten Traumgeschehen ihre individuellen Merkmale auf (eine Person, die öfter Fallträume hat, wird - nur als Beispiel - unter *Elaps corallinus* in einen Abgrund fallen, während sie unter *Iris versicolor* in einem Grab landet.). Selbst das Auftauchen eines an sich bekannten Traumes kann durch die Resonanz zu einer Prüfarznei provoziert werden. Zur Sicherheit sollte bei solchen Träumen nur eine Übernahme in die Repertoriumsrubriken erfolgen, wenn das Motiv bei mehreren Träumern der Gruppe aufgetaucht ist.

Die Aussage von Whitmond, das komplette Kapitel 'Träume' im Repertorium sei unnütz, weil Traummotive/-bilder bei verschiedenen Träumern verschiedene persönliche Hintergründe haben, mag aus psychoanalytischer Sicht stimmen. Aus praktischer, homöopathischer Sicht ist Whitmonds Hypothese a) hundertfach widerlegt durch erfolgreich behandelte Fälle, in denen Traumrubriken uninterpretiert zur korrekten Mittelfindung beigetragen haben und b) falsch, eben weil sie die persönlichen Hintergründe des Prüfers/Patienten berücksichtigt. In Arzneimittelprüfungen praktizieren wir genau das Gegenteil: Wir prüfen die Wirkung von *Substanzen*. <u>Die geprüfte Substanz spricht durch den Prüfer</u>. Sie drückt dem Prüfling *ihren* Stempel auf, zwar vermischt mit

Persönlichem des Prüfers, aber die Bearbeitung einer Arzneimittelprüfung sollte weitmöglichst die Spreu vom Weizen entfernen (und nicht den Weizen von der Spreu). Psychoanalytisches Denken und homöopathisches Denken sind nicht bedenkenlos kompatibel.

Eine größere Schwierigkeit besteht darin, lediglich traumgeprüfte Arzneien in der Alltagspraxis auf einen Patienten umsetzen und anwenden zu können. Sehr selten gibt es direkte Übereinstimmungen zwischen den Träumen der Patienten und denen der Prüfung. Mehr Übereinstimmungen werden zu finden sein, wenn man die Bildersprache eines Patienten thematisch analysiert und Traumrubriken zuordnet. Dazu bedarf es allerdings einer exakten Anamneseaufzeichnung „mit den nämlichen Worten des Patienten" und einiger Übung im Umgang mit der thematischen Analyse eines Falles. Das Wichtigste dabei ist, das zu sehen, was der Patient exakt äußert, und nicht das, was man selbst als Behandler an Themen kennt. 'Themen' können psychologischer Natur ('Streit - Demütigung - Blamage') sein, aber öfter finden wir Bild-Themenreihen wie beispielsweise 'Fallen - Treppen - Schaukeln' und 'Blumen - bunt - Park' (diese drei Themenkomplexe in Kombination würden übrigens auf *Inachis io* weisen).

Die direkte Übersetzung von 'As-if-Symptomen' in Traummotive ist legitim. Wenn ein Patient äußert, seine Rückenschmerzen fühlten sich an, als würde ihm ein Messer zwischen die Schulterblätter gerammt, darf man diesem Symptom einen Traum gegenüberstellen, in dem der Prüfer durch einen Messerstich zwischen die Schulterblätter verletzt wird. Krankheiten oder Körpersymptome, von denen Prüfer geträumt haben, zählen *direkt* zum Indikationsbereich eines Mittels!

Die erste, wirklich erfolgreiche Verschreibung einer neu traumgeprüften Arznei ist nicht einfach. Hat man endlich einen oder gar mehrere chronische Fälle eines Mittels, eröffnet sich plötzlich eine neue Dimension der Arznei und zu Vielem aus der Traumprüfung fallen einem sozusagen retrograd die Schuppen von den Augen. Eine Arzneimittelprüfung ist zwar ein enorm wichtiger, aber dennoch nur ein erster Schritt zum Verständnis einer Arznei.

In ähnlicher Aufmachung sind
im K.-J. Müller-Verlag erschienen:

Chetna Shukla - Nancy Herrick - Stefan Kohlrausch - K.-J. Müller
Sieben Schmetterlinge - Die homöopathischen Prüfungen
281 S., ISBN 3-934087-21-3; € 30

Karin Degkwitz - Chetna Shukla - Monika Kittler - K.-J. Müller
Rosa - Zwei Prüfungen und Kasuistik
176 S., ISBN 3-934087-22-1; € 20

C. Shukla - N. Khopade - G. Makhija - G. Ruster - K.-J. Müller
Oxygenium - Zwei homöopathische Prüfungen und Kasuistik
132 S., ISBN 3-934087-14-0; € 15

Chetna Shukla - Karl-Josef Müller
Lac asinum - Zwei homöopathische Prüfungen und Kasuistik
119 S., ISBN 3-934087-10-8; € 15

Monika Kittler: Aqua destillata
Die Prüfung
174 S., ISBN 3-934087-20-5; € 15

Monika Kittler: Thea chinensis
Die Prüfung
95 S., ISBN 3-934087-11-6; € 15

Steve Olsen: Bäume und Pflanzen die heilen
Die Prüfung und Anwendung von fünf neuen homöopathischen Mitteln
179 S., ISBN 3-934087-18-3; € 20

Annette Bond: Wolfram
Eine homöopathische Prüfung (+Kasuistik)
123 S., € 15

Jacqueline Houghton & Elisabeth Halahan: Lac humanum
Die homöopathische Prüfung
51 S., € 10

Tinus Smits: Cuprum metallicum
Darstellung des geistig-emotionalen Bildes anhand von 20 Fällen
32 S., ISBN 3-934087-07-8; € 7,50

Die Arzneimittelprüfungen von Nuala Eising
auf Deutsch im K.-J. Müller-Verlag:

Granit - Marmor - Kalkstein
152 S., Deutsch von T. Schweser
ISBN 3-934087-12-4; € 20

Succinum - Bernstein
97 S., Deutsch von T. Schweser
ISBN 3-934087-08-6; € 15

Vakuum
167 S., Deutsch von T. Schweser
ISBN 3-934087-17-5; € 15

Ignis alcoholis - Feuer
58 S., Deutsch von T. Schweser
ISBN 3-934087-16-7; € 10

Die Arzneimittelprüfungen von Phillip Robbins
auf Deutsch im K.-J. Müller-Verlag:

Aristolochia clematitis
154 S., Deutsch von Gabriele Conrad
ISBN 3-934087-16-7; € 15

Koala
44 S., Deutsch von Gabriele Conrad
ISBN 3-934087-09-4; € 7,50

Die Arzneimittelprüfungen von Jeremy Sherr
auf Deutsch im K.-J. Müller-Verlag:

Diamant (Adamas) ISBN 3-934087-03-5; € 15

Germanium ISBN 3-934087-00-0; € 15

Iridium ISBN 3-934087-04-3; € 15

Neon ISBN 3-934087-05-1; € 15

Raps (Brassica) ISBN 3-934087-01-9; € 15

Skorpion (Androctonus) ISBN 3-934087-06-X; € 15

Weißkopf-Seeadler (Halilaeetus leucocephalus)
ISBN 3-934087-02-7; € 15

+

Plutonium & die gesammelte Toxikologie ionisierender Strahlung
ISBN 3-934087-15-9; 210 S., € 20